好收納.
好清潔.
好實用的
實用住宅改造全書

漂亮家居設計家 x 周建志

Contents

Preface 自序

集互動、專業、設計、實用、品牌價值於一體

這是春雨時尚空間設計，第一本結合網路市調，解答屋主實際裝修疑問的室內設計專書。

近年來，由於網路急速發展，相關專業知識於網路上，皆能輕易獲得，但室內設計及施工領域的眉角甚多，這讓許多屋主只能知其一，未知其二，如此往往需要自己走過一遭後，才有其經驗累積，但卻可能會付上大筆金錢與勞心勞力，作為代價，因此，春雨時尚空間設計，不斷嘗試，運用不同的媒介及管道，包括影片、廣播、社群、書籍等方式，持續提供相關專業設計及施工知識分享，希望給予更多有裝修需求的屋主們，最實用的裝修知識和最理想的裝修心態，協助所有屋主完成自己的夢想家。

本書的內容中，集結不同的年齡與人生階段，隨著時代變遷，應運而生的居住需求，例如單身宅、新婚宅、親子宅、退休宅等，我們如何透過不同的設計方式，為屋主創造更適合的解決方案，像是：以聰明的建材挑選，為雙薪家庭的屋主達成好清潔、好打掃的實際目標；學齡中的孩子，以彈性設計的方式，因應不同階段的成長，所需要的藏書量及生活機能；即將退休的屋主，考量到未來可能發生行動不便的生活情況，電源開關高度、廚具檯面高度、廊道寬度等，皆為屋主貼心思考日後生活的便利性。居家安全的規劃，更是非常重要的環節，從方便坐著洗澡的泥作台墩、洗手檯下方櫃體內縮、雙切開關、燈光到對比色系明顯，避免碰撞危險等細節，以為居住者著想的設計出發，使不同生活需求的屋主，皆能感受到設計的貼心與實用的規劃，讓家變得更輕鬆更舒適。

這次，我們率先挑戰，製作前期即與網友互動，透過線上與線下的整合，海量蒐集網友裝修的 50 大問題，並且在本書之中循序漸進、由淺入深的回答在裝修過程中最常見的多項問題，期待內容能更貼近屋主的真實需求，且更能與閱讀者產生共鳴與對話。

對於春雨時尚空間設計而言，我們重視從進入家門開始的所有生活體驗，相信唯有與時俱進、實用並且深入人心的設計，才能實現居住中所有美好生活的可能。

CHAPTER 1

建志大講堂

Part 1

Part 2

建志大講堂

設計師用專業識別需求！解決你裝修的難點

打拚了許久，終於擁有了自己的家，當然非常期待能實現心目中的想像，為家人完成一處美感與舒適並俱的避風港。裝修一個家的過程是非常瑣碎的，任何眉角都不得輕忽，在閱讀本書之前，建志將分享多年來的執業經驗，詳細分析裝修、找設計師前需做的準備，讓你第一次裝修就上手！

風格、預算分配、收納、格局動線
4 大關鍵初次裝修就上手！

風格　決定預算多寡的關鍵

風格不僅是整個家的設計主軸，同時也是決定預算的關鍵。

舉例來說：新古典風或鄉村風，因為會用到較多的線板、噴漆和壁紙等天地壁的裝飾，整體工程費就會比較高，相對的，北歐風或現代風在整體工程費上相對較低；另外，Loft 風格因為沒有做天花板、管線外露的特色，被許多人會誤解為「低預算」、「省錢」的裝修風格，但外露的管線需要經過整理或美化，反而會產生額外的費用，並不一定會達到減省預算的目的。所以風格的訂定，關乎裝修費用的多寡，建議與設計師針對自己的預算及喜歡的風格進行討論。

如果無法確認自己喜歡的是什麼樣的風格，請在找設計師之前，預先做功課、可大量蒐集雜誌書籍的圖片、或是網路資料，再與設計師進行諮詢與討論，如此便能更準確的傳達個人喜好，有效縮短彼此溝通的時間，也可由此反推，如果裝修預算在有限的情況下，可選擇造價相對較低的風格做為家的設計主軸。

預算分配　依房屋現狀編列重點預算

在決定風格之後，接下來就要依照房屋的現況來進行預算分配。

屋況可大致分為老屋、預售客變和新成屋三種類型。以居住安全為考量，老屋需進行全戶的管線更新與其他基礎工程，因此大致可將預算分配為 50% 基礎工程、35% 硬體裝修、15% 軟裝陳設。而新成屋在不需進行管線更新的狀況下，基礎工程只需預留 30% 的預算即可，但為了省去不必要的拆除及管線更動費用，在買屋的時候　就要注意格局和動線是不是符合生活需求，或是在預售屋時就找好設計師進行客變。

以老屋為例

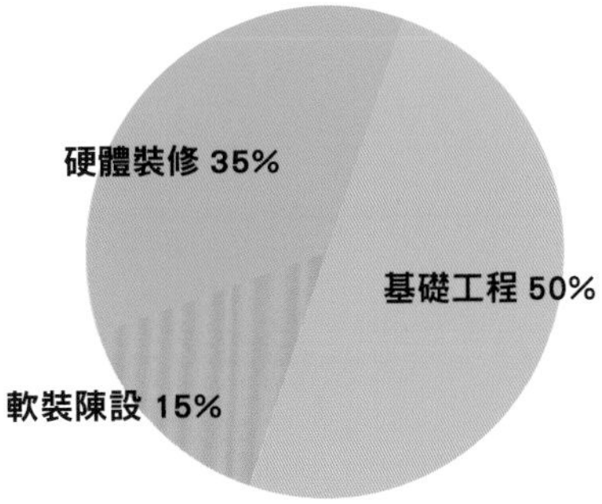

收納　有邏輯的組織收納

訂製了一堆櫃子，不一定可以把東西收好、收乾淨。

在規劃收納設計時，我們會要求屋主先回頭檢視有哪些需要收納的物品，例如：男主人有幾雙球鞋、女主人有幾雙靴子、多少雙高跟鞋等；同時更需依據人體工學和生活習慣，像是：男女主人的身高多高、進入家門後需不需要掛衣服、有沒有收藏品需要展示等。通過整合需求和生活習慣，發展有邏輯的「組織收納」，讓櫃體不再是沒有目的的做滿整面牆面，而是針對屋主需求有系統的規劃出「組織性的收納計畫」。

格局動線　設計價值源於此

格局和動線設計，是決定一個房子住起來舒適與否的癥結，同時這也是找設計師裝修房子的價值之一！

舒適的空間，最基本要具備採光、通風良好、動線順暢、擁有多功能用途等條件。在買房子前，就應該先將原有的格局屋況納入購屋考量中，如果是預售屋，可以即早與設計師合作，經由事先客變，減省拆除牆面、水電管線等的花費。例如：想要多加一間臥室的情況，格局上的變動就需經過設計師通盤考量整體動線和屋況；設計師的專業與巧思在此時會讓屋主特別有感。

在我們的經驗中，近期建商在規劃許多狹長戶型的格局時，會把窗戶規劃在臥室，而客廳就沒有天然採光，這種情況下我們會依照經驗統整、提供過往的案例，給予居住者建議，讓房屋整體狀況在更加分的前提下，與屋主一同衡量預算，進行適當調整。

TIPS　如果房子有 3 房，但只需 2 間臥室，格局該如何規劃？

建議依照居住者的人數、需求及生活習慣作為主要考量，多一間房間可做為彈性開放書房或多功能房，都是很好的選擇。

好收納

裝潢前，先了解自己的需求

記錄收納需求＋分享生活習慣＋設計師組織規劃＋收納完整度 100%

找設計公司裝修前，建議屋主詳細列出自己的需求表，對後續收納規劃尤其重要，溝通討論能更加順暢。從物品種類、衣物數量、收納動線或不喜歡的收放方式，分享越詳細、設計師接收的資訊越多，越能客製出符合生活需求的家。裝修前，找個周末跟著以下步驟好好觀察自己、記下家裡的物品大小，甚至可以注意共同居住者的收納習慣，讓設計師徹底了解。

建志密技 1

裝修前該做的五件事：
檢視、評估、分類、捨棄、討論！

1.「**檢視**」收納需求、紀錄收納習慣！
2.「**評估**」物品數量、尺寸，越詳細越好。
3.「**分類**」收納品項，區分收納位置。
4.「**捨棄**」陳年老物，擴增收納容量。
5. 與共同居住者「**討論**」、協調空間分配。

收納要有組織！生活才會有條有理

櫃子多不一定好使用、好收納不是藏起來、以自己的需求為基準

組織收納是指將收納物品有系統的分類規劃，因此收納櫃多不代表能將空間打理得井然有序；櫃體掩蓋起來，讓雜物看不到，也不一定真的好用！若層架的高度與寬度設計不當、常使用的物品拿取不方便，反而影響了生活秩序。而不同屋主每區想放的東西可能大同小異，但實際上，尺寸、類型就不盡相同了，所以別的屋主認為順手完美的收納，不保證真正適合你。

建志密技 2

好收納如何規劃？從屋主需求組織分割！

每位屋主日常習慣、擁有的生活物品、人生階段，甚至屋況與居住人數皆不相同。三代同堂大家庭收納空間需求相對較多；擁有眾多公仔、收藏品的屋主則可能較注重展示櫃體的規劃。以下分別透過兩位屋主不同收納需求重點，清楚解析設計師如何用組織收納思維訂製適合的收納設計

實際案例

屋主A：收納品項種類豐富

- ✔ 確定大型收納物品尺寸，預留櫃體高度及深度。
- ✔ 預估每位使用者的鞋子數量、種類、大小，有邏輯的分割櫃體。
- ✔ 收納品項擺放位置確定後，再增添其他附加機能。

屋主B：著重收納的便利與順手感

- ✔ 實際了解屋主的生活習慣。
- ✔ 玄關櫃中間規劃抽拉平台，提供暫時置放包包區。
- ✔ 思考屋主更衣動線，打造結合洗衣籃的新型態浴櫃。

建志密技 3

有門片還是沒門片好？依空間機能判斷櫃體形式！

❶公領域：注重美觀性，展示收納比例較高。

以客、餐廳來說，擺放較多常使用的視聽設備、廚房家電，且美觀性設計也聚焦於此，展示收納相較其他空間多。

❷私領域：收納數量多且繁雜，有門片形式占多數。

更衣室、浴室、臥室收納品項較私人且種類多，有門片的收納比例較高，主要希望以不干擾行進動線、拿取方便。

組織收納沒有標準公式，如圖中更衣室的梳妝區，僅打造簡約收納平台、椅凳，已能滿足屋主平日習慣。

❸過渡區：不影響原有空間感，隱藏設計居多。

主要指玄關與廊道地帶，建議可運用隱藏門片、鏡面等設計，如此可以在不影響視覺下，增加室內可收納空間。

從玄關到廊道，大面展示收納櫃拉寬視野、注入美觀性設計，再根據原屋況延伸高櫃成L型設計，增加容量放置不常使用的物品。

❹整體空間收納配比

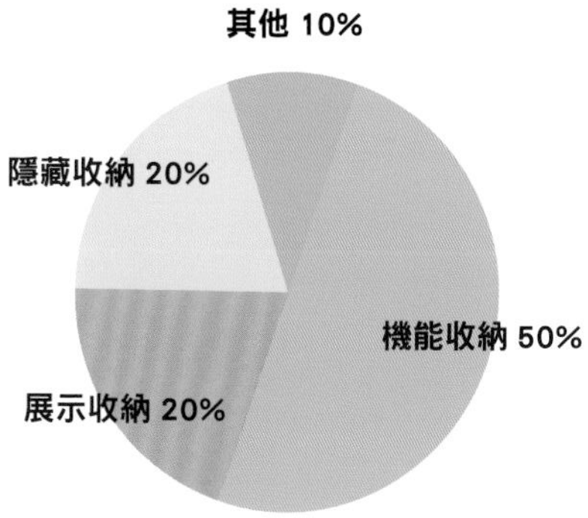

要美也要好用！櫃體種類是關鍵

風格喜好＋材質特性＋屋況狀態

好收納最後一步驟，就是美觀性考量！造型設計可作為選擇櫃體種類的重要考量，主要區分為系統櫃、木作櫃。許多屋主常詢問，到底木作櫃還是系統櫃好？實際上各有優缺點。主要依屋主喜好、材質特性、屋況的可能性與室內整體風格整合性思考。設計師也會視情況透過專業判斷，運用木作結合系統櫃的工法，打造兼顧美學的好收納設計。

建志密技 4　該選系統櫃還是木作櫃？從造型、預算作選擇

主臥選用木紋系統櫃呼應整室木質風設計；床頭櫃旁空間有限，衣櫃上排門片高度重新分割、下櫃為抽屜式設計，賦予使用順手感；櫃內隔層及收納方式，依照屋主身高、需求，打造好掛放的吊桿式設計；轉角處也不浪費，提供屋主擺置不常穿的雪衣及羽絨外套。

❶ 系統櫃特性

- ✔ 工廠製作、現場安裝，不會產生大量粉塵，將來可拆卸移動。
- ✔ 施工期間較短，板材備料約10－15天，現場組裝1－3天。
- ✔ 防潮性佳、耐磨耐刮，品管也較容易掌握。

❷ 木作櫃特性

- ✔ 彈性變化大，造型角度不受限。
- ✔ 工期較長需2至3個月，木作完成還需上漆或貼皮。
- ✔ 量身訂製特色，成為畸零地收納救星。

此住宅為屋主放鬆度假使用，坐落於空間中心的多功能中島成為視覺焦點，設計師選擇用造型多變的木作設計，整合鐵件收納、吧檯桌面，視覺吸睛，更具備三合一多用機能。

❸ 系統櫃結合木作櫃

✔ 兼顧預算與造型

✔ 材質挑選更謹慎

✔ 注意進場順序：木工先進場，再預留系統櫃位置。

從玄關一路延伸至電視牆的收納櫃，先應用有門片的白色系統櫃，提供大容量、俐落整齊的收納機能；靠近電視牆處再整合木作設計，打造延伸至電視牆的連續性美感，並選擇適度開放層架設計，增加設計層次，豐富空間表情。

TIPS

整體工程施工流程

①泥作→②木作→③系統→④油漆→⑤清潔

→

→

→

→

好清潔

用對建材打底，清潔打掃超省力

光滑表面＋環保建材＋抗濕耐用＝天天使用也保潔不費力

除了美觀設計和足夠的收納空間，在現代人忙碌的生活中，如何於無法掃除的日常，輕鬆讓日子更舒適健康，也是包含在整體設計中的重要關鍵要素。

避免藏污納垢的材質

機能性建材、環保建材，給家人安全的環境

想要一個容易維持、並且好清潔的環境，首先要避免各種容易藏污納垢的凹槽，在建材的挑選上，要盡量避免容易刮傷、容易留下指紋、不防水的材質，最好可以選擇有機能性的建材，像是可以調節環境濕度、改善空氣品質的珪藻土等。

建志密技 1

選用這些材質就對了！

1. **防刮又容易擦拭的材質：**石材、金屬磚、馬來漆等。
2. **櫃體面板可選用有抗汙性的：**塑合板、美耐板、黑鐵或不鏽鋼等材料。
3. **壁面常見的環保材：**珪藻土、灰泥塗料、吸濕壁紙等。
4. **地面常用的抗汙材：**海島型木地板、超耐磨木地板、石英磚、防滑磚等。

海島型木地板	超耐磨木地板
1. 表層為實木切片，底層再結合其他木材膠合而成。	1. 是由木屑及合成纖維所組成，經過特殊高壓處理而成的密集板。
2. 底層通常使用多種木材，通過膠合技術一體成形。	2. 底層為木材打碎成纖維粒或片狀，膠合而成。
3. 不易膨脹、穩定性高。	3. 顏色、紋路選擇多。
4. 抗變形，適合台灣潮濕氣候。	4. 具有環保、防潮、耐壓、抗變形等優點。非常建議家中有學齡前小孩或長輩的家庭使用。

（海島型木地板 V.S. 超耐磨木地板）

選對顏色，讓空間好維護又有質感

符合屋主使用習慣＋合適的色系＝維持居家良好狀態的關鍵

想要打造一個好清潔的居家空間，首先需要先了解居住者的使用習慣，以順暢的動線完成收納計畫，便能優先解決空間凌亂的問題，避免雜物堆放、降低掃除時遇到的困難，同時掃除用具的收納位置也能一併列入規劃之中，形塑便利的環境；另外，依照屋主清潔頻率及習慣，挑選合適的色系，讓居住空間容易維護又增加質感，機能與美學並存。

建志密技 2

依各領域使用頻率規劃，挑選好維護的顏色

❶ 公領域

客餐廳等公領域，除了日常家人的使用，也是最常被用做迎賓宴客之處，密集、高度的使用，需要經常掃除，讓人保有好印象，因此可安排淺色系的色彩，讓需要維護之處更容易被發現，同時展現活潑明亮的氣質。

❷ 私領域

最常被作為休憩、睡眠的私領域，適合沉穩、柔和的色彩，可運用永續環保的建材，通過機能性的調節，讓環境無毒又舒適。

❸ 過渡空間

玄關、走道是使用率很高的區域，同時也很容易因為走動而帶來灰塵或髒汙，因此要選用磁磚、石速板、美耐板等沒有毛細孔的建材，依照屋主清潔頻率和習慣，選擇合適的色系，方能達到耐髒好清掃的效果。

用新型燈具替換間接光源

天花板也能乾淨不藏汙

間接光帶是營造空間氛圍的好幫手，但也因為要在高聳的天花板上製作層板讓光源均勻發散，卻也成為空間中的掃除死角。

建志密技 3
善用燈罩，讓間接光源不再灰塵多

❶ 平板燈
可取代流明燈光，適合嵌入式安裝，光線柔和、有多種色溫可選擇。

❷ 壓克力燈罩
在間接光源的凹槽，加上訂製的壓克力燈罩，或是利用光帶結合壓克力燈罩的方式，達到防塵效果。

好實用

關於好實用的設計重點

符合使用邏輯、讓生活更輕鬆、發揮空間本質

機能實用與否並沒有標準公式，一個實用的設計，是從使用者需求及每個屋況量身訂製，符合日常生活習慣，而好實用設計理念則是滿足基礎需求後，同時加入「好收納」與「好清潔」設計巧思。全盤考量後的整合設計，不僅提升使用效率與便利性，還會因應格局狀況應變，找出更多可利用的空間創造機能。最後，再揉合設計師專業見解與美學品味，才能規劃出面面俱到的完美住宅。

聆聽屋主需求！打造符合使用邏輯的機能

深入了解、量身訂製、給予專業建議

「好的設計，必須清楚知道要解決的問題是什麼。」居住者回家後首先要做什麼事、平日的使用習慣，甚至進一步對格局分配、採光與建材等有特別想法，都必須先讓設計師知道。而設計師接收資訊後，需評估屋況與美觀性等，從過去經驗給予建議，才能打造超越屋主期待的居宅。

建志密技 1

解決基礎需求
X
量身訂製設計
=
好實用機能

若將生活機能以空間區分為公領域、私領域及過渡空間三大類，能讓屋主及設計師大方向地定調各空間的機能需求、風格設定與動線布局，並思考曾遇過的生活難題、不喜歡的使用方式、討論未來想加入哪些設計。

❶ 公領域

公共區域通常在住宅空間占有較寬敞的比例，有的家庭重視視聽娛樂享受，有人則是喜歡一起喝茶談天，兩者設計主軸則有所分別，進而影響到接下來的風格設計與格局鋪排。

❷ 私領域

臥房通常較公共空間小，且規劃多傾向實用機能、放鬆氣氛為主，因此設計師除了加強軟裝、燈光配置外，也會思考多功能應用設計，如書桌整合衣櫃等複合式規劃。

❸ 過渡空間

玄關與廊道的過渡空間可能是大容量生活物品的藏身之處，解決收納配置難題後，如何搭配屋主喜愛的風格，如整齊簡練視覺或帶有藝術廊道感受，也是此區設計重點之一。

細節規劃完整，事半功倍高效率

收納需求、建材選擇、清潔維護讓家更圓滿

「客製化的居家空間，能幫助生活變得輕鬆又舒適。」格局、動線、機能、風格主軸布局完成後，需要與屋主溝通更細節的收納需求、建材選擇、清潔維護方式等，才會創造出屬於每個屋主認為真正實用的好宅。

建志密技 2

好清潔設計 X 好收納設計＝好實用設計

清潔與收納要考慮的層面廣泛，使用者的身高、生活動線、清潔頻率等，可能注重收納容量而忽略了順手感；或選了喜愛的板材卻不易維護。以目前興起的汙衣收納需求為例：

❶ 初步動線規劃

過去常隨手擺放的汙衣籃，將其列入收納規劃，改善可能影響動線的缺點，大幅提升便利性。

❷ 高效率收納設計

污衣籃根據衛浴空間格局與屋主動線，將浴櫃的設計結合展示及收納，讓污衣脫下時直接歸位，達到一物多用的目的。

設計師換位思考！發揮空間本質

在有限格局找出無限可能

「完美的機能，是滿足基本需求後，還帶來其他附加價值！」設計師通盤考量實際空間條件，並轉換身分想像自己為空間使用者，給予可提升屋主生活品質、發揮坪效、多功能用途的聰明設計。

建志密技 3

型隨機能規劃 X 多元應用方式＝好實用空間

每個房子的屋況原始條件與每位屋主的生活習慣大不相同，設計師需針對需求，給予客製化設計，如此相當考驗設計師的專業能力，因為設計師不僅是設計房子，更是在設計屋主未來的生活方式。

① 型隨機能的實用考量

因應格局而打造出櫃體較深的鞋櫃，提升收納量，透過可抽拉的活動層板，方便屋主拿取。

② 超越期待的多元規劃

根據屋主需求規劃開放中島廚房，再考量屋主使用習慣與美觀度加入隱形升降插座、可隱藏電器設備的拉簾，並找出櫃體可擴充的側邊收納方式，新增書報架。

③ 換位思考的貼心設計

考量屋主在廁所閱覽的習慣，將自己想像成使用者，將浴櫃規劃為雙面皆可收納的設計，增加收納量並從洗澡、換衣動線實際演練，打造貼近屋主生活的舒適感。

TIPS

兼顧風格的實用設計 TOP4

1. **汙衣櫃：**在原有衣櫃多增加一個汙衣櫃，讓屋主放置穿過但沒有馬上要洗的衣服。
2. **百葉門兼透氣孔片：**作為衣櫃的換氣孔，有效達到通風、除異味、防霉菌的效果。
3. **電器櫃與電視牆：**電器櫃與電視牆合而為一，隨著風格設計的不同，可運用虛實交錯、獨特造型或材質的變化。
4. **收納與展示兼具的餐櫃：**合併展示機能，一物多用發揮最大坪效。

CHAPTER

2

網友裝修50大問題

設計的目的是為了滿足人的需求，同時達到美化生活、創造舒適居住環境的目的。

春雨設計在出書之前舉辦了一場網路民調活動，海量邀請約800位網友共襄盛舉，讓紙本書籍也能達成線上線下的整合，最後蒐集到50題網友常見問題及最具需求性的問題，從預算、施工、實用機能到設計美學等，我們將針對這些在裝修時常遇到的問題進行詳細的解答，一起來看看吧！

CHAPTER 2

Q1

近 50% 網友不清楚客變細節，正確的客變流程為何？

A

首先，想先跟大家釐清一個觀點！許多人以為客變跟室內設計是分開的兩個項目，但它其實是室內設計流程的一部分！買預售屋時，有客變打算的屋主，建議，從客變到後續裝潢由同一家設計公司負責較能降低預算、得到完整的服務；若來不及找設計師進行客變，我會建議直接跳過客變流程，能避免裝潢時大幅度更改配置而浪費多餘預算的可能。

春雨設計客變前都會這麼做：

Step 1

請建商提供客變時間表、CAD 圖檔：若超過客變時間，建議直接等成屋階段進行裝潢。

Step 2

計算室內實際面積：設計師透過 CAD 檔能計算各個空間的實際坪數。

Step 3

估計整體裝潢費用：計算完面積後，我們會估算設計費及粗估後續整體裝修的費用。

以上確認無誤後委託設計流程：

❶ **確認平面圖：**
所需的機能、格局、收納等需求大方向，需由屋主統整後與設計師溝通。

❷ **繪製客變圖：**
依建商需求提供相關圖面。

❸ **陪同開客變會議：**
由設計師直接與建商溝通，縮短來回修改的時間。

❹ **陪同驗屋：**
由設計師陪同屋主至現場驗屋。

❺ **現場丈量：**
確認現場尺寸是否跟施工圖相符。

❻ **繪製細部施工圖。**

❼ **繪製 3D 圖。**

CHAPTER 2

Q2 購屋後確定要客變，哪個時間點找設計師最恰當？

當建商通知客變時間的前1.5－2個月，找設計師進行客變時間最合適；若時間沒那麼充裕，也請至少在建商通知可客變後，1個月前找到合適的設計師進行客變。

Q3 五成的屋主對於預算配置概念較模糊，設計費、圖面費用該如何計算？

每一家設計公司的設計費用不同，例如設計費6300元/坪，假使權狀面積30坪，室內面積25坪，設計費以室內面積計算為6300元×25坪＝157500元；若有繪製3D平面圖的需求，圖面的費用6300元/張。以25坪空間為例，建議繪製3－4張，費用則為6300元×4張＝25200元；總設計費約為182700元。

Q4

驗屋時是不是請設計師陪同較好？有什麼部分是最容易忽略的細節？

若是買預售屋的屋主，交屋前一定會有驗屋動作，驗屋時，水電部分可以請建商施工人員攜帶工具現場測試，設計師陪同在場，也能協助檢視一般屋主容易忽略的門、窗刮痕等瑕疵。若屋主需要更精細的驗屋數據，可以委託專門的驗收公司。以下提供春雨設計建議攜帶的驗屋八寶及驗屋檢查清單。

驗屋八寶

- ☐ 捲尺：丈量空間尺寸
- ☐ 水平儀：確認地面及檯面是否平整
- ☐ 小夜燈：測試插座供電是否正常
- ☐ 硬幣：敲窗框的聲音判斷施工是否紮實
- ☐ 衛生紙：馬桶沖水功能是否正常
- ☐ 紙膠帶：有受損、疑慮的地方用紙膠帶貼住標記
- ☐ 手機自拍架：探查肉眼看不到的地方
- ☐ 手電筒：窗框、大門、玻璃、衛浴設備在燈光照射下，容易看出刮痕損傷

驗屋檢查清單

- ☐ 弱電確認
- ☐ 插座供電確認
- ☐ 開關確認
- ☐ 冷氣排水確認：冷氣排水測試是驗屋很重要的一環，最好的辦法是能請建商施工人員用水管測試，放水 1-2 分鐘，測試冷氣排水量。
- ☐ 衛浴功能確認：地板排水、淋浴給水是否順暢。
- ☐ 配電盤確認：確認總電源安培數，分路安培數。
- ☐ 建築確認：檢視大門、玻璃、窗框、設備是否受損，此步驟也是驗屋最容易忽略的部分。

Q5

根據設計師過去的合作經驗，建議屋主如何精準表達自己的喜好？

A

找設計師討論前，建議善用網路上的室內設計相關資料，如IG、Pinterest、臉書、居家網站或一些家具品牌的佈置靈感，透過截圖方式整理成相簿提供給設計師參考。準備周全的屋主，甚至會蒐集好每位居住成員喜歡的風格圖片，讓設計師更有方向制定出全家人都喜愛的風格。

Q6

建議初裝修新手屋主的預算該如何配置？

A

面對裝修大部分屋主都是新手，想要將預算花在刀口上，可以先大致將預算分配給「基礎工程」、「硬體裝修」、「軟裝陳設」。如若是年久失修的老屋，基礎工程階段大約佔50%；新成屋少了管線更新，預算預留30%即可。而硬體裝修約佔35%預算，軟裝陳設則建議分配15%。

Q7

近 45% 屋主不確定是否該在討論初期表明預算底線，設計師的想法是？

A

建議先傳達自己喜愛的風格方向，並請教設計師此風格的約略預算，若該風格與原本預設的裝潢費落差甚大，可以與設計師考量轉換其他風格或簡化某部分項目來平衡支出。

Q8

6 成屋主害怕被胡亂追加預算，合約及報價單上該注意哪些細節？

A

報價單一定要注意是否清楚標註：建材種類、基礎配備，基本材數等容易忽略的細節，此外，簽訂合約時，記得詢問設計師加班費、運費加收問題，以及施工過程臨時增減的項目該如何收費。

Q9

施工前一定要出細部的施工圖嗎？簽訂合約時該注意什麼？

進行施工前，必須先簽訂工程合約，

工程合約報價單上會清楚載明細項施工費用。

了解正確的設計合作流程：

❶ 初步溝通諮詢：
若有 CAD 圖，直接約在設計公司討論，隨時需要查看建材或公司相關資料較方便。

❷ 現場丈量：
若沒有平面圖，建議請設計公司至現場丈量並完成第一次的諮詢，此階段會收丈量費。

❸ 平面圖規劃討論：
針對第二階段丈量的結果畫平面圖，並進行格局改造、家具配置、收納規劃、動線規劃及初步風格大方向討論。

❹ 簽訂設計合約：
此階段代表正式委託設計公司，大多數設計公司設計費收費標準依照實際坪數計算。

❺ 施工圖、3D 圖繪製
簽訂合約後，會出細部的施工圖，施工圖包含了拆除、泥作、水電、鋁窗、冷氣配管、木工、油漆、系統櫃圖面。有些人沒注意到，其實油漆也要畫圖，須標示油漆的顏色、漆在什麼位置。而施工圖完成後開始繪製 3D 圖，3D 圖主要模擬真實裝潢的風格，而費用大多以張數 / 元計費。

❻ 簽訂工程合約：
上一步驟確認好，材料、顏色、用法、施工進度，皆會在工程合約報價單上清楚載明，簽訂完工程合約才能開始進行施工。

春雨 3D 圖 / 實景圖

在春雨的施作案例中，3D 圖與實景圖差異甚微，盡力做到將圖面真實呈現，讓屋主更安心。

3D 圖

實景圖

3D 圖

實景圖

屋主後續挑選不同材質，使 3D 圖與實景建材有些許不同，實屬正常情況

Q10

問卷中超過 5 成屋主不熟悉施工項目及步驟，正確的施工流程為何？

簽訂好工程合約後，開始進行施工，主要施工項目及正確流程：

❶ 保護、拆除工程：
保護工程是裝修的第一步，室內不需拆除的部分皆需做好防護措施，同時也包含公共空間的電梯、梯間、廊道等。接著進入拆除工程，此階段把不需要的牆面、地磚、門窗或設備等，全部拆除、清空。

❷ 泥作工程：
防水工程項目是泥作工程的重點，施作完成時，可先要求設計師拍照確認是否完善邊角的防水施工。若有磚牆隔間，也是在此階段進行。

❸ 水電工程：
配管線、給水、排水一次進行，工程大約一至兩週。水管安裝完成，一定要進行打壓測試，檢測水管有無滲漏現象。若家中有耗電量較高的電器，建議設置專用的供電迴路，居家安全更有保障。

另外，建議冷熱水管使用不鏽鋼材質的保溫管，不僅具備保溫效果，也能保障水管免於生鏽問題。而冷熱水管管頭的高度，應設置於同一個水平面上，往後安裝冷熱水開關時較美觀。

❹ 二次泥作、鋁窗工程：
打磨地壁、貼磁磚、更新鋁窗，皆為此階段內容。舊屋翻新時，建議在安裝鋁窗前兩至三天再拆除舊窗，避免刮風下雨影響室內屋況。鋁窗安裝完成後，窗框周邊要確實施作防水、水泥填實。

❺ 木作、油漆、系統櫃、玻璃工程、冷氣安裝：
以上基礎工程結束後，裝潢進度已完成一半，此階段會開始進行木作、系統櫃、玻璃安裝、油漆及冷氣主機安裝。木作工程材料及設備型號需清楚檢查，而壁掛式冷氣安裝後建議包膜保護，避免沾染粉塵。

❻ 軟裝工程：
軟裝工程內容包含窗簾、壁紙、畫作、燈具、家具等，春雨團隊會替每位屋主搭配一位專屬軟裝設計師，提供居家軟件的挑選及搭配建議。

❼ 清潔工程：
清掃範圍廣泛，從大型包裝材到窗框的粉塵髒汙清潔等。

❽ 驗收交屋
歷經長久的辛苦等待，終於要有一個家了！

Q11

該怎麼避免工期延宕的狀況、續追加款項與預期不符？會有賠償嗎？

建議盡量不要變更設計、進口的家具板材一到三個月前先預訂，降低工期延宕發生。延期交屋的緣由若是工班進場安排不當，可以與設計師溝通協調後續的解決辦法。簽訂合約時多加留意工期延宕、延期交屋的應變措施，也能詢問設計師過去的處理方式。最重要的是，簽約前，謹慎選間有信譽的設計公司，或者溝通討論時，讓屋主感受專業負責，能夠全權信任的設計師。

A

針對追加款項，有些設計公司的作法是，若有追加的項目時，會即時擬定一份更新的報價單，並先付清追加的項目款項再進行追加工程。此做法的好處是能避免最後尾款項目紊亂，清楚的報價明細，也能保護設計公司與屋主的權益。

Q12 大部分的人較重視基礎裝修工程，如何在基礎工程和美學裝修上平衡？

A 建議屋主根據住宅屋況，依照前面提及的新手屋主預算配置比例進行分配（請參考下圖）。若預售屋想降低基礎工程費用，先進行客變，能有效降低隔間變更等費用；購買新成屋時，挑選原格局及動線較符合生活需求的屋況，則能降低格局變更費用，提高機能及美觀性施工預算。

以新成屋為例

基礎工程 30%	硬體裝修 35%	軟裝陳設 15%	其他 20%

（冷氣、全熱交換器等）

Q13 建議裝修新手預算該如何配置？

A 以新成屋為例，如需格局變動需多預留10％，在沒有變動的狀況下，基礎工程占30％、硬體裝修為35％、軟裝陳設為15％，變動格局、冷氣、鋁窗、門扇等調整費用則可包含在20％的其他費用中。

Q14

假設工程是什麼？含哪些項目？

A

垃圾、灰塵等，看不到施作進度，我們稱作為「假設工程」。例如保護工程、拆除工程、清潔工程、除甲醛工程等都屬於這類型工程範圍。其中，裝潢進入尾聲、家具進場前的「清潔工程」不可省略，通常在交屋前要驗收完成。許多裝潢新手認為清潔工程只須掃除木屑、粉塵、殘膠、油漆等肉眼可見的髒汙，可以節省這筆費用自行處理。

事實上，清理範圍廣且清掃時要避免刮傷裝潢，交由專業人士處理較完善。

清潔工程又可以細分為「粗清」及「細清」。「粗清」主要將大型垃圾搬運回收、清掃肉眼可及的髒汙；而「細清」則必須利用專業的清掃工具，將屋主使用時會接觸到與表面看不見的細節打掃乾淨。

粗清程序：

STEP ❶ 清理現場的施工廢料：鋁窗、泥作施工時的水泥泥塊。
STEP ❷ 初步清潔現場：初步清理粉塵。
*室內若有鋪設木地板，建議先將大型垃圾粗清後再進場，避免木地板刮傷。

細清程序：

STEP ❶ 室內大面積清潔：從天花板除塵開始，由上而下進行，再清掃櫃體、牆面及地板。
STEP ❷ 清潔屋主會接觸的範圍：舉凡照明溝槽、燈具、窗框、間接照明凹槽、冷氣濾網等。
STEP ❸ 處理施工殘膠水泥：使用專業清潔用品處理邊角殘膠、被水泥或油漆滴到的部分。
STEP ❹ 清理看不到的部分：收納櫃內部、抽屜、層板、把手等。

CHAPTER 2

Q15

66% 網友最重視臥室收納規劃，哪些收納細節容易被忽略？

臥室是居家空間中最私密的休息領域，有組織的收納規劃，能發揮空間坪效，給予各式各樣的私人用品儲放位置，並保持房內寧靜舒服的感覺。

一般屋主多著重於床頭櫃、衣櫃與書櫃的隔層設計，容易忽略收納櫃門片與抽屜的規劃細節。房間小，建議將大收納櫃門片與抽屜分開設計，省去開門需要預留的空間，也減少一道開門步驟；坪數大，則可以著重於外觀設計，如抽屜、隔層隱藏在門片內，收納櫃門片平均分配後線條單純，達到大方美觀效果。臥室收納也要注意人體工學，如吊掛式衣架高度，依據屋主身高或請屋主實際測量舒適的拿取高度來安排，使用順手也避免過高的櫃體帶來視覺壓迫感。另外，臥室內仍建議不要太多鏤空類設計，易產生灰塵引起過敏，影響了休息品質。

春雨靈感公開！

臥室收納櫃創意 TOP 1

抽屜不再藏進衣櫃

30 坪、三房兩廳的屋型，是台灣多數小家庭的住宅首選，三房的需求之下房間坪數較小，許多臥室面臨床鋪與衣櫃距離不足順手開門的 60 公分寬，設計師建議將下方抽屜獨立設計，減少畸零空間。如圖，床尾收納櫃抽屜分開設計，少了高櫃門片的阻擋，收納衣物順手且直覺。

臥室收納櫃創意 TOP 2

撞色拼貼點亮收納門片

如圖，左側收納櫃利用大小錯落的拼貼方式，擺脫整牆收納的制式規格，對比鮮明的撞色門片，關上時成為活絡視覺的佈置焦點；開門方式配合設計風格外，也根據屋主的使用習慣，分別安排按壓式、指縫溝或拉門開啟設計，構築一間睡眠舒適、使用便利且別具風格的完美休息場域。

臥室收納櫃創意 TOP 3

架高床組一物多用

許多小房間傾向運用臥榻式的床鋪設計，來解決收納容量與空間動線的難題，而這間寬敞的臥室善用架高床架增添收納空間的同時，加以延伸床頭板設計，打造半牆隔屏效果，將寢臥與起居空間清楚劃分。其中，半牆隔屏面向床鋪一側，運用隱形門片創意予以看不見的儲藏空間，達到一物多用的多功能巧思。

Q16

6 成網友重視客廳收納規劃，有哪些物品的收納空間常被忽略？

A

找設計師進一步討論收納細節時，我們會先請屋主做功課，寫下需要收納的品項以及習慣的使用方式，用以組織收納思維，替屋主預想未來可能需要的收納機能。

根據過去的合作經驗，空間足夠的客廳領域，我們建議安排一間儲藏室來解決大型生活用品收納位置或容易遺忘的網購大型紙箱存放問題。現代大多數屋主也相當注重環境品質，家中備有多樣化家電，如空氣清淨機、除濕機、掃地機器人、手持吸塵器等，為因應各類型家電換季時的收納、平時使用動線，事先須考量櫃體高度、櫃內深度、使用插座的距離，避免讓預留的空間變成不好運用的畸零地。另一項大多數屋主遺忘的收納物品是「電線」，結合收納櫃體的隱藏式電線收納區，保持了視覺上的乾淨，也可有效避免交錯的電線影響使用上的安全。

春雨靈感公開！

屋主常遺漏的收納品項 TOP 1

安全帽

許多屋主家中有機車，卻容易忽略安全帽的收納位置。我們會預先詢問屋主是否有安全帽收納需求，並依據屋主慣性動線，在鞋櫃或靠近玄關區的客廳大型儲藏櫃中，增添順手拿取安全帽的收納空間。

屋主常遺漏的收納品項 TOP 2

包裝材

現代時髦的居家空間，若出現暫時無法回收的郵寄大型紙箱、網購拆封後需要長時間保存的包裝材，不僅有礙觀瞻，堆放於客廳角落也可能影響生活動線。春雨設計通常會將此類型物品收進客廳的大儲藏櫃。如圖，將紙箱擺放於客廳入口處的大尺度隱形收納空間中，大型家電、網購商品能直接在入口處拆裝，並將包材放置於此。

屋主常遺漏的收納品項 TOP 3

電線

電視牆為客廳的主視覺牆面，同時也需配合觀影需求收納多樣化的影音設備，完善的線路與插座規劃成為影響美觀的重點之一。一般除了利用牆面厚度整合影音設備線路於牆內，電視機櫃上預先規劃隱藏式的「線槽」，將插座、線路完整收納於此，能保持視覺的整齊，並降低寵物或孩童誤觸機率。

Q17 網友第三重視的廚房收納，要注意的設計大方向為何？

A

「廚房不是櫃子多就實用。」廚房收納品項種類多元，需同時容納多樣化調味品罐、烹飪設備或大型鍋具等，屋主需要先詳細觀察自身使用流程，才能共同打造完整的收納規劃。

第一個要注意的是身高，類似前面提及的臥室收納人體工學概念，依據最主要烹飪者的拿取舒適高度安排上櫃較合適。若屋主身高嬌小，上櫃建議選用下拉開門設計，避免矮凳墊高的拿取方式發生危險。接下來要注重的地方則是拿取方式及煮菜動線。每天下廚的屋主，廚房收納櫃開關頻繁，經常使用上櫃，還是調理罐抽屜，都需詳細考量，關乎收納隔層的規劃，也影響了備菜、烹飪、洗滌的效率。另外，廚房收納空間需特別注意插座數量、散熱機制、專用電源的配置，避免同時使用多項電器設備發生危險或經常跳電。

春雨靈感公開！

順手廚房收納重點 TOP 1

廚櫃尺寸符合人體工學

廚房收納櫃關乎收納與下廚效率，動線不佳，不僅事倍功半，還可能帶來清潔不便、易發生危險。設計時建議親自測量順手的高度或親臨廚具門市體驗。一般檯面高度約為 80-90 公分，收納吊櫃距離檯面則為 60 公分上下，再依據個人身高微調。此外，建議挑選有品質保證的五金，避免影響使用感受。

順手廚房收納重點 TOP 2

合適的使用動線

廚房收納大致分為炒煮區、洗滌備料區、食材儲放區及電器設備區，先照著「拿、洗、切、炒」動線安排，讓下廚動作順暢進行，提升下廚效率；接著再判斷該區的收納方式，如水槽下方收納櫃提供清潔備品存放，水槽前方的壁面也建議安裝收納桿或掛鉤，晾曬烹飪器具及洗滌用品。

順手廚房收納重點 TOP 3

聰明的電器收納規劃

一般電器櫃的深度約為 45 公分，高度則依據各電器種類而有所不同。常見的電器櫃為活動式抽拉層板設計（如左圖），適合擺放烤箱、電鍋、咖啡機等體積較小的電器，抽盤拉開即能使用，兼顧通風散熱問題；大型烤箱、洗碗機、烘碗機、酒櫃則多以嵌入式設計，讓電器與櫃體合而為一，專用電源與排水動線也能直接安排於櫃內。

Q18

68% 網友都遇過玄關收納不足、隔層不敷使用，初期規劃該注意？

A

玄關具備多重機能，規劃首重數量最多的鞋類收納，而想分割出實用的櫃內隔層，可以先從種類、高度、大小及數量作為依據。舉例來說，先讓設計師了解全家人鞋子尺寸、鞋子的數量及種類、未來可能還需要的容量，以計算合適的櫃體深度及實用的隔層設計。

玄關收納不僅只提供鞋類擺放，出門或回家時，習慣先放鑰匙、檢查信件、穿脫外套、還是更換室內拖鞋？初期規劃時，應將上述準備動作所需要的空間設想周全並逐一整合完善機能。另外，許多住宅以玄關櫃作為區分領域的隔間，此時能藉由雙面甚至三面的收納設計，製造更多收納的可能。若擔心收納容量不足，以木作櫃或系統櫃規劃鞋櫃，較能根據空間大小客製化收納櫃高度，通常比現成鞋櫃多出不少收納容量。

春雨靈感公開！

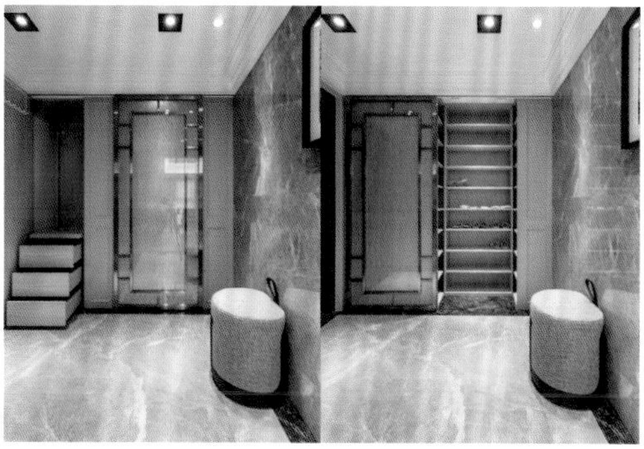

滑門隱藏鞋櫃容量、步入式設計讓收納一目瞭然！

玄關追求視覺的乾淨俐落時，建議以隱形櫃的設計巧思，讓體積較大的櫃體消失於造型門片中。如圖，造型壁面中，依據使用需求區分鞋子與衣物收納區，並透過滑門的開門方式，加強屋主使用的順手度，並運用步入式設計打造ㄇ字三面收納櫃，從鞋子主人、穿搭頻率、鞋子種類等區分，達到更具收納效率的順手感。

玄關與客廳收納合而為一！依穿脫動線安排同樣順手

玄關領域較小、只能擺置幾雙使用頻率較高的鞋物時，將收納範圍擴展至客廳的儲藏櫃也是解決空間不足的辦法之一。一整面的收納設計中，依據進門拖鞋、換穿室內鞋、收放其他物品的動作順序陸續安排下來，收納動線才能順暢，安全帽、雨具等經常被遺漏的收納品項也能一同收妥於此，增添收納櫃的機能性。

污衣櫃把關居家整潔！有效阻攔塵屑髒汙

現代人對於居家整潔更為謹慎，外出回家不只需要換穿室內拖，連外套或包包也需要隔絕，因此我們經常在玄關鞋櫃旁增設一區能掛放衣物的「污衣櫃」，滿足屋主的整潔習慣。滿足了掛衣需求後，收納櫃下方我們則增設抽屜，提供包包、鞋拔或鞋類保養等置放，帶來多元的收納效果。

Q19

鞋櫃通風效果差，櫃體設計上有什麼巧思可以幫助改善？

A

玄關鞋櫃攸關進門的第一印象，除了足夠的收納空間維持一定的整潔度，通風與透氣功能更是鞋櫃不可缺少的機能。最好的設計方式就是著墨鞋櫃本身的造型。常見的不落地鞋櫃，不只提供更換室內外鞋子的功能，肉眼看不見的底板中安排透氣孔洞，有效幫助通風循環，視覺維持同樣的整齊清爽。近年流行的無把手設計，也有助於通風效果，幾何造型的導斜角把手凹槽，正好成為鞋櫃的通風氣孔，櫃體線條美觀現代同時幫助循環，帶來雙重優點。若不喜歡懸空鞋櫃，也不鍾情隱藏把手造型，建議在鞋櫃頂部開透氣孔達到通風功能，再透過櫃體內層板退縮的技巧，讓櫃體內上下串連增加對流，也保障每一層收納都達到通風效果。

春雨靈感公開！

導斜角把手成天然通風口！層板退縮加強櫃內對流

近年來，無把手設計應用廣泛，導斜角把手造型變化多元有趣，甚至成為點亮收納櫃的細節。其中，高櫃居多的鞋櫃設計中，設計師傾向在大型門片設計出長型凹槽作為開門把手，也確保櫃內多層鞋櫃得到完善的通風效果。此外，櫃內層板退縮方式，能讓層架與門片間保留距離，加強頂天收納櫃的上下對流效果。

格柵門片隱藏透氣口！懸空設計對通風更有利

簡單又極具風格的格柵元素，經常被設計師應用於門片設計、天花板或壁面修飾，玄關鞋櫃的通風設計也能運用格柵的線條感，讓線條狀的通風孔隱形於格柵之間。如圖，格柵造型打造隱形的通風孔外，讓鞋櫃視覺輕盈、提供室內鞋穿脫擺放的懸吊櫃創意，亦能在看不見的底板下方增添透氣孔洞。

百葉造型天生透氣！美式風格享通風優勢

設計風格趨於歐美設計的住宅，鞋櫃門片造型擁有更多裝飾性的效果。「百葉」的線條視覺應用於簾幕設計上，具調節光影作用；而應用於收納門片上，讓每一層收納享有優秀的通風效果。

Q20

若格局受限無法打造完整的玄關區，有其他替代解決方式嗎？

玄關作為室內、外的緩衝地帶，具備多重實用機能，鞋子收納整齊不影響進出門動線、返家後的隨身物品有了暫放之處、屋主介意的風水疑慮迎刃而解，且大眾對於整潔衛生的意識提升，更加重視迎賓落塵區的功能。有些住宅格局特殊，室內入口坐落空間正中央，大門敞開即迎接客、餐廳，建議可以透過造型屏風或半牆創造輕盈的隔間效果。若輕隔間設計不合適，我們會利用地坪材質轉換或高低落差，劃出清楚的落塵地帶，即使無明顯的空間界線，玄關落塵使用範圍也能清楚分野。

春雨靈感公開！

造型屏風不佔空間！大門置中也有完整小玄關

大門位於公領域中心，增添不少格局規劃的難度，權衡餐廳採光與公領域之間的交流度，設計師安排一道接續收納櫃的圓弧造型屏風，形塑L型的輕隔間，地板刻意選用相襯的花磚地坪，構築出一個不影響視覺、使用動線的鮮明玄關領域，化解開門見客的尷尬格局，室內活動也有了隱私防線。

異材質地板界定落塵範圍！美型地磚讓門面更加分

公領域想保有開放式空間感，視覺必須減少隔間阻斷，設計師便把重心放到了「地坪材質轉換」。落塵區顧名思義為進門擺放鞋子，擺脫塵屑進入室內的轉換場域，因此常鋪設耐刮好清潔的磁磚、石材類材質。而材質轉換除了能劃分空間、轉換機能，拼接視覺也成為居家設計的風格重點之一。

電視矮牆帶來雙用機能！背面當屏風彌補無玄關屋型

坪數不大的住宅中，經常利用不做滿的牆重塑格局，而公領域最常將半隔間手法，應用於達到劃分領域與分配動線的作用。圖片中的住宅規劃考量了客廳的寬度及採光位置，稍稍縮短電視牆與沙發的距離，留出一道迎賓廊道動線，創建長型玄關格局。雙面設計帶來實用的雙向機能，半牆的創意也將白天的自然光注入牆後陰暗角落，並搭配反光材料拉寬狹長廊道。

CHAPTER 2

Q21 客廳沒有窗戶時，能透過什麼樣的格局配置或設計辦法加強採光？

老屋、長型屋、小套房時常遇上客廳無窗的困擾，受到坪數與格局的限制，客廳被迫安排於遠離窗戶的中心地帶，造成了主要活動空間昏暗不舒適的棘手問題。自然光源不佳的屋況，燈光設計上必須花費多一點心思，不過，想引陽光入內並不是毫無辦法。以長型屋為例，經常遇上單邊採光格局，客廳與光源距離遙遠，家具與大型收納櫃的配置盡量靠牆安排，並規劃開放式格局，盡可能取消阻斷光線的隔間，確保光影的流通。如果室內隔間無法改動的情況下，無法透過開放式手法帶入採光，利用拉門、玻璃材質隔屏取代實牆，同樣能維持通暢的光影動線，也可以保留獨立領域的完整機能。還有一種特別的引光入室設計，會透過開天窗方式收攬天花採光照亮陰暗處，適用於獨棟的透天屋型。

春雨靈感公開！

臥室房門換上透光材質！客廳無窗照樣擁有採光

原始屋況的開窗位置落在兩間臥房，設計師為有效紓解公領域的昏暗感，將鄰近客廳的臥房門片改為透光不透明的材質，讓客廳白天享有舒服自然光，臥室依然維持高隱私。

霧面隔門引入雙採光！門片關上客廳依然敞亮

面對無法改動的採光位置，設計師改以變更隔間材質來解決客廳無光狀態。如圖，設計師改變廚房與客廳的隔間設計，由不做滿的木皮電視櫃為主角，運用黑框銀霞玻璃打造透光拉門，關上時廚房光線也能進入客廳。書房門片同樣換上霧面玻璃，收攬書房窗外的光線，製造雙邊採光。

Q22 超過 6 成的人預計在客廳做電視櫃收納，規劃時需特別注意哪些部分？

A

佔去客廳大面積視覺的電視牆，背負著主宰公領域焦點的任務，想要完成一面兼具美觀與機能的完美電視牆，實用的收納規劃是不可忽略的重要環節。

好的收納設計，不外乎先釐清需要擺放的品項。電視櫃主要提供影音設備收納，確定目前及未來可能購置的設備數量、設備尺寸後，進一步思考主要使用者的年齡層。若經常待在客廳收看電視的家人有長輩，春雨設計建議根據長輩方便使用的高度，設計垂直分層的機櫃收納，長輩不必彎腰也能輕鬆操作。

客廳空間不大時，過多的櫃體、頂天的設計，會造成視覺壓力，收看電視或休息放鬆的舒適感大打折扣，於是設計師利用整合性設計，將部分收納改為展示層架或透玻門片，釋放整牆櫃體的沉重與單調，擺上屋主收藏讓電視牆富有層次與變化。

春雨靈感公開！

電視櫃高度照年齡規劃！垂直分層保留調整幅度

影音設備較多的住宅，規劃電視牆收納時，建議以頂天設計的收納高櫃，增加機櫃收納空間。透過左右兩側的對稱手法，創造大容量儲藏效果外，亦營造電視牆簡約氣派感。

櫃體留白、適度開放！有效削弱電視櫃沉重視覺

有些視聽設備不只強調品質，時尚的外型也是賣點，成為客廳電視牆的佈置擺件之一。如圖，先以矮櫃設計滿足部分設備的收納需求，再預留未來添購影音設備時能置放的平台，同時不浪費上方空間，搭配展示收藏品的開放式吊櫃，讓屋主日後添購的音響或珍藏藝術品點綴電視主牆。

CHAPTER 2

Q23

多數屋主認為隱藏式收納牆為最實用的客廳收納，規劃時要注意什麼細節？

A

隱藏收納經常應用於客廳電視牆上，兼顧美觀設計並滿足收納需求。

隱藏收納優勢不僅止於此，通常透過大面積櫃體設計帶來隱形錯覺，因此突兀的樑柱、畸零角落皆能利用整合性設計手法收攏入牆，完美修飾屋況缺陷，帶來整齊的視覺效果。

打造一面隱藏收納牆時，需將開門方式考量入內。為達到完全的隱形效果，設計師盡可能縮小櫃體縫距，以按壓式開門及隱藏把手設計為主。按壓式開門又稱為「拍拍手」設計，外觀上接近零縫距的視覺，此種開門設計要特別注意五金選擇，品質不佳的五金不僅開啟不順手，甚至可能出現反彈關不上的窘況；隱藏把手以留縫開啟方式最常見，通常預留2－2.5cm手指伸入寬度來開啟。

春雨靈感公開！

系統櫃也能客製化！鏤空設計讓大型收納變輕爽

規格化的系統櫃體並非毫無彈性，系統板材的色系、櫃子的規格、門片的形式都可以依據屋主喜好作變更，喜歡簡單大方的隱藏式收納，使用系統櫃的模組化訂製即能滿足，且同時兼備降低預算、施工快速的優勢。此外，系統規劃的電視牆，經常利用開放展示手法的鏤空設計，減輕大面積收納的視覺壓力。

擺脫單調電視牆！木作門片完美隱形收納痕跡

變化豐富的木作櫃能滿足各種樣式需求，收納量再多也能透過創意的造型門片滿足屋主對隱藏式設計的嚮往。圖片中宛如編織皮革的優雅牆面設計為分割成十格櫃體的大容量電視牆，設計上除了造型用心吸睛，刻意讓左右兩側不做滿的留白手法，維持客廳空間的寬鬆感，下方則善用鏤空方式搭佐間接光照，營造出漂浮般輕盈視覺。

大型櫃體換到背後！使用順手、視覺清爽

客廳收納通常採靠牆規劃居多，將最多容量的收納櫃從電視牆櫃轉至沙發後方的背牆也是不少民眾傾向的收納方式。櫃體設計與容量規劃上比電視牆多了更多彈性，隨沙發高度分割出上下櫃，並利用鏤空規劃打造隨手置物的小平台。

Q24 客廳插座數量、電視牆插座配置該怎麼規劃才好用？

客廳的插座需求量大，從除濕機、電風扇、掃地機器人、空氣清淨機到視聽娛樂，都必須使用插座，逐插座而居的生活模式，提升了現代人裝潢時對插座安排的重視程度。

好用順手的插座與屋主本身使用習慣及家中物品有極大關聯，細數一天需要在客廳使用的電器，小從手機大到清潔家電等品項多元，建議屋主先列出電器清單，從電器的尺寸、高度、使用方式來評估插座擺放的位置，將固定性的插座安排好，再觀察自己久坐於客廳時喜歡待在哪個位置，進行哪些活動，進而微調插座配置。

一般規劃電視牆插座時，會視各屋主使用需求預留網路訊號孔、電視訊號孔、HDMI線孔。電視櫃附近常見的音響、掃地機器人等家電一併考量規劃，避免客廳出現過多延長線，影響視覺美觀與生活安全。

春雨靈感公開！

配置客廳插座前，先問自己 5 個問題

Q1：欲選購的電視尺寸為何？壁掛式還是站立式？
Q2：家中是否有長輩？（根據長輩方便操作高度，判斷機櫃離地公分數）
Q3：客廳會放置哪些電器？尺寸及電壓分別為何？
Q4：目前有的設備？未來可能購置的影音設備？
Q5：是否需要 USB 插座？

客廳常見的家電清單參考

□ 吸塵器	□ 音響
□ 掃地機器人	□ 電鋼琴
□ 電風扇	□ 遊戲設備
□ 空氣清淨機	□ 按摩設備
□ 除濕機	□ 運動器材
□ 電蚊香	□ 燈飾
□ 電視	□ 家用電話

CHAPTER 2

Q25

餐廳區收納建議用什麼樣的櫃體設計兼顧美觀與機能？

A

餐廳領域過去主要聚焦於家人用餐機能，隨著小坪數住宅比例的增加、開放式格局盛行，餐廳不再侷限於家人聚餐需求，傾向多功能應用，提供看書、工作或聚會場所，以發揮空間坪效，因此餐廳區收納櫃設計也漸趨多元化，藉由增添展示層板、多變的櫃格規劃或由異材質拼接，豐富餐廳收納的層次及使用機能。

大部分餐櫃位置緊連客廳或玄關收納區，建議先以居家風格界定門片型態，再依據屋主展示品數量增減開放櫃的規劃。例如，簡練的現代風格，開放層架比例降低，維持用餐端景牆的整齊，輝映整室俐落整潔觀感；反之，新古典、美式風設計，常運用軟裝佈置拼搭出獨樹一格的居家情景，適度安排開放櫃置放收藏品，形塑錯落有型的層次畫面，突破屋主對實用餐櫃呆板制式的想法。

春雨靈感公開！

玻璃門片加深細膩質感！餐邊收納更顯輕盈優雅

吊櫃與矮櫃搭配形成的上下櫃設計是餐廳收納常見的款式之一，歐美風設計中，經常運用簡約線板勾勒獨有的古典氣質。針對小空間，設計師採用玻璃更替部分門片，緩解高櫃收納帶來的擠壓氣氛，亦增添收納櫃的細節與獨創感。若餐廳收納櫃有安裝把手，鄰近餐椅更換為長凳，視覺、動線舒暢寬鬆許多。

錯落層架豐富櫃體表情！兩種開門設計帶來順手收納

倚牆垂直安排而下的餐廳吊櫃 + 矮櫃收納規劃，常以鏤空的開放設計串接上下收納，打造實用的小檯面功能，開放規劃也可以讓平時使用的美型家電成為佈置焦點之一。如圖，上櫃以開門方式、下櫃滑門巧思滿足美觀與實用性；鏤空設計削弱量體沉重感，造型層板則替收納櫃帶來趣味造型。

撞色背牆做出餐櫃獨特性！展示收藏質感再提升

木製餐櫃給人穩重、一成不變的制式感，為了擺脫呆板收納印象，上櫃由清透玻璃門片帶來減輕視覺重量的效果，鏤空之處預留較大面積，填滿黑色替留白背牆創造視覺景深效果，茶罐、紅酒類等收納品倚層架一字排開，再由間接燈光畫龍點睛，創造餐邊櫃獨有的風格端景。

Q26

希望用餐時順手流暢，餐廳動線建議如何規劃？

餐廳區通常是串起客廳與廚房動線的重點場域，因此想要梳理出流暢的動線，三個領域格局分配必須同步規劃。

首先可以確認使用餐廳的頻率與居住成員的使用習慣。生活模式屬於每天會齊聚一堂用餐的家庭，建議飯碗湯筷等餐桌用品收納緊靠餐桌區，省去一道來回廚房的動線，大大提升餐前準備的效率。有小孩的家庭，將餐桌盡量靠邊安排，能避免突出的餐椅影響小孩活動，降低碰撞受傷危險機率；家庭以大人為主的住宅，則要考量餐桌擺放位置與座位餐椅的距離，是否符合人體工學。

此外，建議預先模擬用餐前、用餐時、用餐後的動線，譬如平時習慣從客廳還是臥房走進餐廳、廚房與餐廳之間的通道規劃或遇到有人暫離座位時，鄰近座位區是否需要挪移位置等，能更全面找出影響行走動線的原因。

春雨靈感公開！

餐桌、沙發靠牆擺！玄關到客廳互動零阻礙

重視「小孩」活動的 35 坪空間，讓玄關到客廳座落同一軸線上，採以開放式格局規劃，維持流暢的視覺與行走動線，並透過銀霞玻璃化解視線一眼穿堂的疑慮。因應小孩正處活潑年紀，公共空間的沙發、餐桌大型家具皆倚牆安排，小朋友在客廳來回走動，也不擔心突出的餐椅或餐桌邊角變成居家安全的死角。

雙邊採光加倍放鬆！餐廳格局開啟用餐好氣氛

從客變開始規劃的美式工業風住宅，依據原始建築屋況、領域機能，讓溫馨度假宅的餐廳區置放於臨窗角落，發揮雙邊開窗的好採光條件，製造日、夜用餐兩樣風情。此外，預先模擬餐廳使用動線時，將餐椅拉開距離及計算出乘坐時所需的舒適寬度，得以幫助挑選大小適宜的餐桌，確保用餐時每個座位的動線流暢。

CHAPTER 2

Q27 廚房插座及電源配置建議？

規劃廚房插座及電源前，先列出詳細的電器清單，明確記載目前有的、常使用的、未來可能會購買的電器。若有配合的廚具廠商，第二步驟建議親臨廚具廠商展售中心，實際感受不同檯面高度、深度，測量最順手的電器櫃高度。以上準備工作都完成後，再進行插座電源製圖等步驟。

廚房高瓦數電器產品較多，仔細整理電器清單能有效避免日後同時使用多台家電產生跳電狀況，並增添1－2個備用插座，讓廚房使用便利且充滿彈性。耗電量大的電器插座也建議使用專用迴路，不易發生電路超載情況較安全。插座規劃盡量與爐具保持適當距離，鄰近烹飪區的插座可加裝安全護套，避免大火煎炒時產生危險。以下提供常見的廚房電器清單與配置數量注意事項。

春雨靈感公開！

常見的電器清單參考

☐ 冰箱	☐ 烘碗機
☐ 烤箱	☐ 淨水器
☐ 電子鍋	☐ 熱水瓶
☐ 微波爐、多功能料理爐	☐ 洗碗機
☐ 瓦斯爐	☐ 其他活動家電 （果汁機、鬆餅機、氣炸鍋、吐司機）
☐ 抽油煙機	

配置前先問自己

Q1：盤點所有廚房家電有哪些？
Q2：各電器的電壓分別為何？
Q3：未來可能想添購的家電產品有哪些？

插座配置數量及注意事項

1. 電器櫃及冰箱區：
根據廚房家電品項增設，一般家庭至少四組插座以上，並需預留一組專用迴路，因應日後新增電器需求。

2. 洗手槽區：預留至少 1-2 組插座，提供淨水器等家電使用。

3. 流理檯面：預留至少 1-2 組插座，提供給果汁機、咖啡磨豆機等臨時要使用的電器產品。

Q28

40% 的網友後悔沒做電器櫃，非嵌入式家電該如何收得整齊又美觀？

A

隨著開放式廚房的興起，廚房不再只是提供烹飪食物的單一功能場所。美學並重的時髦下廚觀念，培養年輕人對烘焙的興趣、凝聚親子交流感情，複合機能逐漸翻轉廚房在家中的地位。屋主更重視廚房的設計規劃，電器櫃設計也成為展現廚房美學的重要項目。

預算高、愛烹飪、設備多的家庭，傾向運用嵌入式家電整合設計，呈現俐落時尚的收納壁面。據網友使用心得提及，即使當初做了完善規劃，日後添購的非嵌入式家電或使用頻率低的家電，使用位置與收納空間難以安排，成為影響簡潔視覺的雜亂來源。建議屋主初期規劃時，加大電器櫃空間保留使用彈性，確保活動式新電器有棲身之處。此外，預先模擬使用電器時的開合動作、習慣的收放方式，有助於降低收納動線卡住而影響工作效率。

春雨靈感公開！

中島餐檯補足儲物機能！小廚房享有多功能收納

若客廳、廚房比鄰安排，開放式的格局手法，讓視線不被阻斷帶來開闊的居家視野。此時，設計師在客廳與廚房之間置入中島小吧台，做為備餐、用餐、小酌機能，也具備劃分領域機能的分界線。吧台下方搭配抽拉盤設計，適合小型等電器收納，成為次要收納區。

電器設備垂直歸類！尺寸多元仍保持整齊視野

大多數電器櫃以垂直規劃，將使用頻率高的廚房家電收納於同一區，便於插座、電源的安排，外觀色系、尺寸不一的多元類型家電，透過垂直的設計整合，更能製造視覺的一致性，並事先預留一處能暫放電器設備的檯面，提供給平時收納於櫃內較少使用的電器置放空間，避免臨時使用無處可擺，影響效率及動線。

Q29 開放式中島設計如何避免雜物凌亂堆放情況？油煙問題有解決之道嗎？

A

受到歐美思維的影響，帶有中島吧檯的開放式大廚房，成為許多屋主心目中期盼的新居必備設計。具備坪數優勢的豪宅，設計開放式中島廚房時，傾向劃分中餐、西餐兩種料理區，需要大火快炒的菜餚在獨立烹飪區完成，油煙少的料理在開放的中島廚房進行。

中式煎炒料理居多的家庭或下廚頻繁的屋主，廚房帶有隔屏較合適，此類型屋主想擁有開放式廚房也有化解之道，安裝一道玻璃拉門，即能保留視覺流通性同時消弭油煙困擾。而維持中島吧台的整潔也相當考驗屋主的清潔頻率，為有效避免中島的「暫放」功能變為「久佔」，可多著墨中島下方的收納規劃並調整不合宜的清潔習慣。規劃中島廚房前從下廚頻率、下廚習慣、收納頻率綜觀評估，才能做出不後悔的設計。

春雨靈感公開！

中式、西餐清楚分區！廚房開放不怕油煙來襲

許多屋主嚮往開放式廚房，建議透過中、西餐分區的方式，因應快炒時產生的大量油煙。如圖，中島與餐桌呈現Ｔ字格局，作為備餐料理檯、輕食用餐區，另增加水槽與嵌入的電烤爐機能，便於少油的杯盤、水果洗滌，湯鍋菜餚也能保溫加熱；大火煎炒料理，則於後方獨立廚房進行，有效緩解油煙問題。

強化中島收納機能！避免雜物「暫放」變「久佔」

開放式廚房需求增多的趨勢下，中島規劃比例也持續增長，如何善用中島機能成為開放廚房的助力，則成為設計師另一項廚房規劃的挑戰。大多數設計師看準中島檯面寬度下方暗藏的收納容量，根據屋主使用習慣或中島主要機能，透過隱藏門片規劃讓收納隱形於座位落腳處，或者，穿插著開放式的展示層櫃，便於隨時收放、拿取。

玻璃拉門阻擋油煙！打造盡興料理的完美廚房

無法打造中、西餐分離的烹飪格局時，在開放廚房安裝一道玻璃拉門，同樣具有完全隔絕油煙的效果。如圖，拉上門片時即形成一個完整的餐廚領域，家中有小孩或毛小孩的廚房多增設一道玻璃門片，有助於高溫快炒時，毛小孩闖進廚房影響烹飪效率或避免小孩發生燙傷危險。

CHAPTER 2

Q30 廚房牆面、地坪建議選什麼材質耐髒好清潔？

A

想維持廚房潔淨感，好清潔的材質是關鍵之一。烹飪區前端壁面是第一時間沾染油污的區域，鋪排烤漆玻璃或亮面材質打造防濺功能效果佳，不建議使用油污沾染痕跡明顯的霧面材質。烤漆玻璃不只常見的清綠色澤，根據不同風格可以搭配相應的烤漆色系，實用性與風格營造雙管齊下。其餘壁磚建議挑選大片磁磚或陶板材質鋪陳牆面，好清潔也好維護。地板材質大多以好清潔的石材、磁磚為主，耐髒撇步是不要挑造型太瑣碎、面積小片數多且凹凸面過多的材料。

部分網友曾詢問主要使用於檯面的「賽麗石」、「人造石」材料分別為何？賽麗石價格較高，硬度比人造石高，下廚頻繁且擔心檯面產生刮痕的屋主適合選用，如果外食居多、下廚料理次數偏少，選用人造石即夠用。

春雨靈感公開！

烤漆玻璃選擇繁多！
輕鬆營造廚房特色風格

烤漆玻璃是先將清玻璃後方噴上有色環保漆，再經過高溫烘烤、風乾定色而成的特殊玻璃。玻璃色彩選擇多元，且其光滑、耐高溫、抗污的多重功效，廣泛應用於廚房與浴室。純白的系統廚具中穿插飽和黃色烤玻，整面鋪排的方式成為廚房設計亮點，清潔便利、風格獨樹一格。

磁磚大片更好清潔！
風格更具多元變化

若不喜歡烤玻的風格，以好清潔著稱的磁磚同樣適用於廚房，從壁面至地坪皆能鋪排。如鋪排近年流行的六角磚、花磚，原本單調的素色牆面活潑了起來，不論是地坪或地板，選用大片的磁磚視覺更顯大方乾淨，能減少縫距提升清潔效率。

CHAPTER 2

Q31

想打造乾濕分離的浴室，有哪些設計與細節要注意？

乾濕分離目前已成為許多新成屋的標準格局設計，玻璃隔門下的防水條能有效防止地板積水溢出，門前安裝防水門檻用以加強防水效果。要特別注意防水門檻的高度，避免防水台過高降低絆倒危險。網友提到乾濕分離浴室用了一段時間出現漏水問題，通常原因出在「防水膠條」，變質更換即能重拾防水效果，除了防水外，膠條的存在也為開關門時帶來緩衝作用。

另一個設計重點在於開關門的設計方式。小坪數浴室採用橫拉門開啟方式，

A

最具節省空間效果；坪數寬敞的衛浴空間通常以推拉設計較方便，再依據使用習慣及空間比例，自行判斷內開或外推何者線較合適。若平時沖澡直接在浴缸內進行，無空間打造淋浴區，以缸上型淋浴門取代拉簾或隔間，同樣達到乾濕分離效果。

玻璃門片建議貼上防爆膜，以防不慎撞上門片時，防止玻璃飛散引起受傷。

春雨靈感公開！

內開淋浴門發揮坪效！大型浴櫃讓動線更順暢

圖中的乾濕分離淋浴門為無框浴室玻璃拉門，沒有傳統的包框外觀，透過五金拉桿及鉸鏈構築而成，外型俐落時尚，能保持空間的通透性，整體較美觀現代。不過，沒有鋁合金的完整包框之下，著重於五金的用料，較傳統的玻璃拉門貴。若淋浴、泡澡濕區的空間足夠，以向內開門的方式，能保持使用的順手度。

橫拉設計最省空間！小坪數的乾濕分離首選

乾濕分離的小坪數浴室，以最節省空間的橫拉式拉門劃分乾、濕區，保持乾濕分離的需求，又減少開門所需的畸零空間，有效化解小坪數浴室場域不足的困擾。此門框四周由鋁製外框包圍，是傳統常見的玻璃門片設計，擁有價格較便宜的優勢，相對外型結構線條較多，可能影響整體美觀，帶來切割分明的視覺感受。

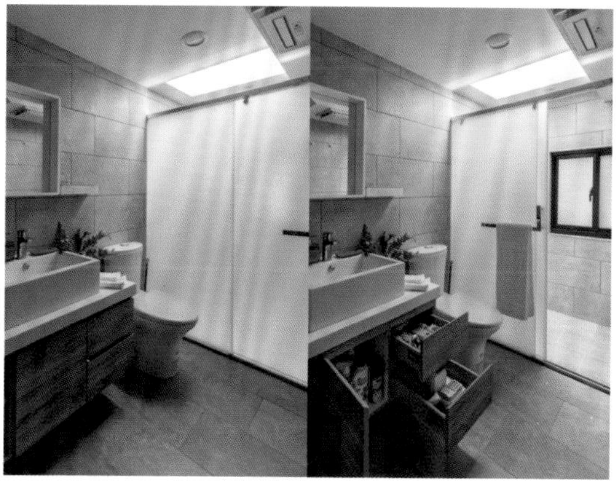

Q32

洗手台下方浴櫃易發霉，浴櫃要挑選什麼材質較適合？

台灣氣候潮濕，浴室內的材質選擇尤其重要，櫃體及門片挑選防水板材能有效防止因潮濕發霉造成櫃體變形缺點。目前，大多浴櫃採用防水發泡板材組成，其具有防腐防霉、防水防潮、保溫絕緣的優勢，延長浴室收納的壽命。櫃門材料則以發泡板及美耐板為大宗。美耐板為裝飾建材，具有耐磨、耐熱、防水、好清理特性，常用於廚具、衛浴櫃面。

規劃浴櫃時，建議透過懸空式設計，避免收納櫃腳因濕氣水氣不易揮發、清潔死角造成污垢淤積而加速櫃腳發霉損壞情況；安裝一台暖風乾燥機，則是最有效確保環境乾燥的選擇。此外，面盆與牆面之間保留適當距離，也能減少靠牆設計時收邊處的矽利康發霉，洗手時水花四處飛濺，立即擦拭面盆後方的檯面，也能維持洗手台的乾爽。

春雨靈感公開！

浴櫃收納適度開放！易收放、好通風

乾濕分離的浴室中，乾區的濕度降低，打造開放展示櫃，也不怕收納物品容易潮濕發霉。圖中浴櫃設計特別在靠近乾濕分離的玻璃拉門旁，敞開兩格浴櫃提供毛巾、常使用的沐浴用品收納，打開玻璃拉門伸手可及的位置，有效避免剛沐浴完弄濕乾區地面，毛巾未使用時也不必帶進淋浴間，免於沾溼困擾。

增加浴櫃懸空高度！下方死角也能順利清潔

一般設計浴櫃檯面時，我們會依據屋主的身高規劃約 85-90 公分，打造舒適使用的洗手高度，而欲打造懸空式設計浴櫃，建議下方鏤空出預留高度多一些，降低刷洗浴櫃深處清潔死角困難。若打造長型的懸吊式浴櫃檯面（如圖），要注意結構的安全，以增加鐵工支撐架的方式，避免懸櫃過重倒下，保障居家使用安全。

面盆與牆面保持距離！降低接縫處發霉機率

面盆樣式多種，主要分為檯面上、下嵌式與立柱盆款式。切齊檯面的下嵌式及檯面上的獨立面盆，能與浴櫃結合設計，增添浴室收納空間。下嵌式的面盆，接縫處多會運用矽利康收邊，設計時，讓面盆與牆面保持距離以減緩發霉機率，或直接選用獨立面盆置於檯面上，潮濕時能立即擦拭保持乾燥。

Q33

超過 6 成網友希望在浴室裝設暖風機，有什麼要注意的規劃重點？

A

裝設暖風機保持浴室的乾燥舒適，已成為台灣衛浴空間的熱門設備之一，更是無對外窗、通風條件差的浴室必備的設備。冬天沐浴前預先啟動暖風功能，洗澡時不再受寒；如廁過後開啟換氣功能，驅使異味即時飄散；更重要是能透過抽風烘乾達到除濕功效，保持浴室的乾爽，具備多重實用機能。

安裝上首要留意的是，暖風機的位置，建議裝設在乾區。大部分乾區位於洗手台及馬桶上方天花板處，為浴室領域的中心地帶，暖風擴散均勻效果良好。另外，出風口吹向濕區的設計手法，在沐浴結束時開啟玻璃門讓暖風直接吹入，具加速烘乾效率優勢。暖風機使用時，需要由面板控制，水電管路設計前須預留管線，瓦數較高的暖風設備建議使用專用電源與獨立開關，確保使用時的安全。

春雨靈感公開！

暖風機速乾降低潮濕！有效延長浴室建材壽命

現代人注重生活享受，浴室裝修風格、機能也趨向多變。舉凡有些人喜歡在泡澡時看電視、聽音樂，或嚮往日式湯屋質感而運用大量的木頭材料（如圖）。此時安裝一台暖風機，不僅能避免設備潮濕、木建材發霉，完美乾濕分離的環境亦能拉長沐浴享受的時光，讓衛浴空間成為舒適的放鬆休憩空間。

暖風機加速乾燥特色！浴室無窗也能通風乾爽

若浴櫃下方多為開放式收納設計，暖風機安排於洗手台上方，不僅能保持洗手檯區盥洗用品的乾燥，沐浴結束後，身體與頭髮也能加速擦乾，提高更換衣服效率，緩解全身濕透引起感冒發生，而使用後的潮濕大型毛巾掛放於玻璃拉門上，即能有效達到乾燥效果，浴室無窗、不通風、冬天洗澡寒冷的問題同時解決。

Q34 大多數屋主將書房設定為多功能區，該如何讓收納或機能更具彈性？

A

不論大坪數豪宅或小套房空間，擁有一間具備多元功能的書房，儼然成為不少屋主期待的完美格局。功能趨於多元化的書房，除了提供基礎閱讀需求，也被屋主作為工作區、客房、休憩遊戲間、瑜珈教室或儲藏室等，規劃上更加注重彈性多變的設計。

此時，便於轉換空間使用需求，身兼床舖、休憩甚至收納效果的「臥榻」，成為眾多書房的配備之一。若房內無多餘角落安排臥榻，上掀式或側掀式收納床，同樣具備相同效果，平時無過夜需求仍能保持小空間的流暢動線。

書房照明設計重點

書房規劃上以基礎的閱讀需求出發，房內燈光色溫建議偏白以保持光線明亮，使用 4000k 暖白光及護眼的 Led 燈能營造光源平均、光氛舒適的閱讀環境。

春雨靈感公開！

長型格局用側掀臥榻！動線與機能同時兼顧

許多書房空間不大，經常利用客廳沙發背牆後方的空間打造而成，依循長型書桌的機能設定，書房格局大多狹長為主，如圖，收納與書桌各執一側後梳理出寬敞走道，座椅後方寬度充裕、兩人共用也無侷促感，為增添使用機能，後方書牆因應長型格局賦予側掀式小床鋪，打造不影響動線的臥榻睡眠機能。

上掀床帶來高彈性機能！客房、儲藏室任意轉換

空間較大的書房空間，機能設定多元且更具完整性，例如，予以整面式收納規劃後，透過上掀式床鋪的設計，能隨時轉換為附有雙人床的客房，未來家庭人數變多，也能隨時轉換為臥房使用。客人有留宿需求時，將床鋪拉下，平時則隱藏進壁面，擺上簡單的書桌椅凳，仍能滿足基礎看書需求，而無高低落差的地坪，亦能成為小孩的遊戲空間。

升降桌面創造雙重機能！收納量、小茶几同時擁有

衡量家人對於書房的使用習慣，看書、工作、休憩使用頻率一致，建議透過採架高地坪的做法，在書桌以外的區域增設升降式桌面，不僅運用架高的空間讓地板至牆面每一處都能帶來收納功能，升降桌隱形成為無高低落差的平面提供瑜伽伸展使用，升起瞬間轉換為泡茶談天的愜意和室，讓一個空間能同時容納多重使用機能。

Q35

書房內大容量的收納櫃規劃，如何兼顧輕盈視覺與實用機能？

談到輕盈的收納視覺，首先聯想到的是開放層架規劃。適度摒除門片，運用層板造型豐富櫃體層次，能創作出獨具品味的收納櫃設計。若書房隔間為玻璃材質，穿透視覺的特性甚至能讓藏書收納成為公領域的美型端景牆。反之，開放層架常面臨易堆積灰塵的缺點，書櫃使用頻率偏低的屋主，建議減少開放設計降低清潔維護的時間。

A

倘若減少開放層架比例，仍可以藉由造型門片、多元尺寸的分格及燈光輔助緩解視覺重量。另一種替代設計方案，建議運用地板收納，運用架高後地板下方的高度，來打造極具收納力的隱藏式櫃體，過季棉被、大型生活用品、房內使用的靠枕或瑜珈墊等用品皆能收妥，完美平衡視覺與機能。

春雨靈感公開！

造型門片虛化收納重量！打開關上都有吸睛視覺

圖中的書房收納以開放式設計居多，首先予以一扇由黑色木皮、黑玻、薄片石材組構而成的造型滑門，阻擋過多塵屑堆積；接著在收納層板上嵌入燈條，製造漂浮輕盈感的視覺效果，並加強開放層架的鐵件結構。此外，依據屋主使用需求，打造抽拉盤彈性設計，擺放影印機，帶來實用多元的櫃體機能。

架高地板無限可能！系統規劃運用畸零角落

架高式床板收納不只限於書房規劃，多數小房間也採用近似榻榻米的床鋪規劃，擴增收納的容量。此類型床板多由系統規劃方式，串連壁面收納打造一體成型的設計，材質多選用木質，直接睡躺接觸也溫暖舒服。希望地板具備大容量收納空間，架高離地的高度建議預留 30 公分以上，倘若家中有小孩或長輩，則不適合落差過大的床架設計。

CHAPTER 2

Q36

若開放式書架易堆積灰塵，有什麼設計巧思能幫助改善嗎？

A

現代人講求機能實用也注重外觀造型。熱門的開放式設計，具有高度客製化特色，輕巧且具備收納與佈置功能，受到許多屋主的歡迎。不過，後續灰塵堆積問題，卻是多數屋主容易忽略的考量因素以致後悔。

根據我們為屋主設計書櫃的經驗與屋主實際使用後的心得中，估算出實用的書櫃設計比例，開放收納比例約佔整體書櫃的1/3，甚至有多數屋主使用範圍更少，因此我們藉由活動式滑門的巧思，讓書櫃收納多了彈性，利用左右滑動的彈性設計，能自行固定門片位置。多了一層屏蔽的開放層架，阻絕部分塵屑，清潔範圍減半，開放式層櫃機能不受影響。此外，屋主未來若想增加門片，也可以先請設計師預留材料，未來自行運用更具彈性。

春雨靈感公開！

茶玻取代實木滑門！開啟、闔上不阻礙展示效果

開放式書房的書牆設計，經常成為點亮公領域牆面的重點設計之一，藏書、擺件，成為活化制式櫃體的佈置元素，為緩解灰塵堆積影響清潔效率，予以灰玻拉門提供屋主兩種呈現方式，往兩側推開或關上，中間主要開放櫃在茶色玻璃的微穿透特性中也不會完全遮蔽，帶來好清潔機能，同時替書牆創造了多變的表情。

櫃中櫃帶來趣味視覺！隔層放大讓清潔更便利

圖片中書櫃以古典線板門片穿插中間鏤空的開放層架方式，減緩長型書房因整面書牆帶來的壓迫感，擺上植栽、櫃中櫃的創意收納，讓通透書房的吸睛牆面抓住公領域使用者的視覺。在沒有門片的設計之下，透過加大隔層尺寸、減少分層的聰明設計，提升清潔時的效率，也減少清潔死角，保持書櫃無塵乾淨。

Q37
書桌、化妝桌共用易顯亂，在不同機能共存的狀況下如何規劃收納？

一般住宅臥室坪數不大，書桌、梳妝台無法擁有獨立桌面，共享空間時，收納的分類顯得格外重要。

裝潢時，硬體收納規劃大多以屋主當前主要使用的機能為設計出發點，例如小女生的書桌仍以課本、文具收納為重，但隨著年齡增長，化妝保養品持續增加，預先規劃不同大小的抽盤，作為小物收納區，日後更換為首飾、太陽眼鏡等物品擺放，打造出不限年齡的房間設計。

春雨靈感公開！

側邊設計發揮角落機能！區分文具、化妝品收納

安排於更衣室入口的書桌領域，兼具了梳化與辦公兩種機能，為維持桌面的簡練整齊，除了配置基礎的薄抽，擺放平時需使用到的文具用品，春雨設計亦擅長運用壁面隱型收納，來拓展書桌區的收納功能。透過側開、抽拉的設計方式，尺寸不一的瓶罐能收整於內，辦公與梳化兩種機能也可以完整分隔。

畸零空間變機靈收納！牆面拉開變實用多用櫃

若桌面收納空間已達上限，著眼於書桌區附近的角落，區分藏書或梳化工具，有效發揮小房間的空間坪效。如圖，利用床頭附近的壁面深度，打造上下兩排隱藏式抽拉櫃，依循屋主年齡做收納劃分，課業為重的青少年，最靠近書桌區的收納空間擺置書本；長大後，則能將藏書挪移至後方書櫃與梳化保養品交替收藏，予以房內收納的彈性。

Q38

穿過還不需洗的大衣、外套、牛仔褲只能堆在椅背上，有改善的收納方案嗎？

50%網友的臥房收納都面臨相同的煩惱，穿過但還不需馬上清洗的衣物，沒地方收只能堆放椅背，導致收拾整齊的臥房沒多久就凌亂不堪。

臥室衣櫃其中一部分，預留透氣孔或打造成小型吊掛收納區，能有效終結臥房雜亂來源。此類型收納設計稱作「污衣櫃」，冬天常穿的羽絨大衣、室內薄外套或牛仔褲，進房門不再隨意堆放，也可以替大型收納櫃帶來些輕巧的視覺並豐富櫃體層次感。此外，貴重衣物想要通風又不希望長時間擺置於開放櫃上，門片換上格柵、百葉造型有助於櫃內空氣流通。

注重個人衛生的意識抬頭，以致大多數民眾對於外出回家的衣物處理更加謹慎，「電子衣櫥」的需求日漸增多，進家門時把大衣掛進電子衣櫥進行殺菌，避免外帶病菌、髒污回家。

貴重衣物適度鏤空！百葉門片成最佳選項

許多對於衣物收藏有著高標準的屋主，希望能打造一個能保護質料高檔皮衣、皮包的衣櫃，若無安裝溫控除濕設備的打算，設計師建議透過通風的門片材質，保持櫃內的通風效果、免於灰塵堆積困擾。其中，玄關鞋櫃中介紹過的極具通風效果的百葉門片，也是貴重衣物收納的首選設計之一。依據全室風格，也可以運用格柵的設計，來滿足櫃內空氣循環的功效。

守護家人健康，污衣櫃區不把病毒帶回

隨著流行性傳染疾病的擴散，許多專業醫師建議回家後，第一件事就是脫下身上的衣物，馬上換上乾淨的服裝，在無法每日換洗衣物的情形下，污衣櫃成為家中非常重要的機能設計，可暫時收納髒衣物，不讓衣服上可能會殘留的病毒危及家人健康。

Q39

五成網友抱怨沒洗澡、不想弄髒床鋪時，只能先坐地板，能透過什麼設計解決嗎？

A

隨著現代人生活習慣及重視私領域享受的轉變，提供睡眠的臥室也越來越多休閒角落的規劃。豪宅設計案中，經常看見主臥房內配有小客廳的私人起居場域，坪數不大的臥室中，挑選一兩張品味獨具的個人沙發與小茶几，自成一處休憩角落。

沒有場地擺放單人沙發的小房間，規劃初期建議與設計師討論是否適合規劃臥榻機能，延伸臥室座位範圍外，下方的上掀式或抽屜式收納，替房內雜物或衣物增加儲藏角落，滑手機、看書的需求也能在此進行，從睡眠區獨立出來，養成上床即睡覺的習慣，有助改善睡眠品質。

春雨靈感公開！

兩張單椅、一張桌几，打造小起居室格局！

主臥空間場域較大，為提升臥室內使用機能，春雨設計經常在臥房內運用活動式家具，佈局出近似於五星級飯店的起居格局，打造閱讀角落、小型客廳的休憩空間。此外，圖中，根據臥房美式優雅的風格，運用兩種不同形式的單椅，搭配精緻古典的床頭櫃，營造更具個人風格的臥室。

臥榻與書桌一體成型！佐大幅度窗景打造放鬆角落

豪宅空間通常擁有室內大坪數、室外好視野的優秀住宅條件，臥房設計同樣把握此優勢，大幅度開窗的規劃手法中，讓書桌面窗擁有舒適的自然光，並透過一體成型的串連設計，帶來擁有兩人寬敞乘坐區的日式風情臥榻，睡前還沒更衣梳洗時，泡茶、談天、閱讀皆能在臥榻上進行，不僅保持床鋪整潔，也增進男女主人的生活互動。

Q40

開關位置及切換方式，怎麼規劃才順手好用？

臥室規劃不佳的開關位置，常導致屋主睡前關燈後摸黑上床，帶來諸多不便及安全問題，因此規劃臥室開關前，使用者應先清楚習慣的開關動線、房內的格局配置、床頭方向、床架高度，甚至模擬躺下時觸手可及的距離，打造順手的開關設計。

A

臥室開關以雙切設計為基本需求，能滿足一般使用，如果預算允許，建議設計多種光源表現，讓好的光線轉換室內情境，因應睡眠、看書、工作等各種狀態。譬如準備就寢前，切換微光模式，提供看電視或滑手機的亮度，藉由光影的調整引導進入睡眠氣氛。

主臥開關電源左右各一！自己的壁燈自己掌控

主臥設計的另一項重點為開關電源配置，兩人共用的空間，若只將插座、開關配置於一側，讓掌控權交給其中一人，可能因作息時間不同帶來生活的不便，手機充電也不順手。此外，現代人對於臥室使用的機能逐漸增多，多種燈光情境的安排下，開關切換以個人使用動線為主，且雙切開關設計安排在床頭，不需起身即能開、關燈，讓臥室使用更安全。

CHAPTER 2

Q41 更衣室建議的收納分類及規劃方式為何？

A

更衣室內完整的收納設計中，通常具備「吊掛式」與「抽屜式」兩種收納形式，又能細分為淺抽、深抽、層板及拉籃。衣櫃設計先以衣物種類分區，再思考各收納形式所需要的比例，來提高使用效率。舉例來說，穿搭以襯衫為主的男性上班族，更衣室的收納規劃，增加多一些吊掛式設計，上班前將西裝褲、白襯衫從更衣室取出，平整乾淨省下一道熨燙手續。衣服款式多樣化的女生，先審視自己所有衣物品項，對初期規劃有所幫助，設計上可保留使用彈性，如能彈性調整櫃格高低的層板，考量未來衣櫃收納的便利性。

若是小坪數住宅想要打造更衣室，建議至少2坪以上範圍，才能規劃出收納容量及活動空間舒適的更衣環境；亦或利用臥房床頭板分割方式，結合大型衣櫃設計，打造半開放式更衣領域。坪數寬敞的主臥更衣室，建議以男、女屋主一人一排收納或配有中島的格局，有效完善兩人所有更衣配件的存放需求。

春雨靈感公開！

一人一座首飾收納中島！打造雙回字超完美格局

大坪數更衣室先賦予男女主人各一面收納衣櫃，接著在空間中心置入兩座中島擺放包包、配件，能更清楚區分男女主人衣物收納範圍，創造出的兩個回字動線，兩人同時更衣也可以順暢進行不打架。此外，更衣室的廊道寬度至少預留 90 公分以上，打造至少一人通過舒適的距離。

床頭板兼輕隔間！衣櫃放大框出實用開放更衣室

房數不足的住宅，無法規劃獨立更衣室，建議加大臥房衣櫃尺寸，利用床頭板作為輕隔間效果，創造一個空間兩種機能的整合設計，梳理出獨立更衣室般的長型廊道。

CHAPTER 2

Q42

超過 6 成的網友喜歡更衣室吊掛收納多一點，打造順手的吊掛收納該注意什麼細節？

A

吊掛式設計拿取方便、衣物一目瞭然，能提升更衣時間、省去折衣服手續，減少收納時間。想打造順手的衣櫃，應以人體工學角度、使用頻率、衣物種類為考量。收納上衣類的吊桿高度，應以目視、便於拿取的高度為主；大衣類吊桿則建議高於身高但伸手可及位置。櫃內高度依據個人身高多介於150～170公分為佳；褲裙類也適合吊掛收放，吊桿高度建議多於60公分避免褲長落地。而吊衣桿又分為固定式和伸縮式兩種，吊掛式衣櫃深度至少60公分，若空間寬度足夠但深度不足，透過側掛式衣架，將吊衣桿打直呈現，並透過伸縮拉桿讓收納更順手。

收納隔層形式多變！配合女生多樣化衣物種類

女生上衣樣式豐富，從背心類、短版 T 恤、平口露肩等不計其數，因此女生更衣室多半還會增添多一些抽屜，將不易吊掛的衣物完好收折。空間足夠的更衣室通常也會整合化妝台設計，首飾運用分格清楚的淺抽，穿搭準備時能一目瞭然；開放牆面側邊的收納架，經過整齊排列的收納方式，亦能減少挑選時間。

吊掛衣桿維持襯衫平整！出門不再匆忙燙衣服

大多數男性衣物種類單純，大部分以 T-shirt、帽T、襯衫、西裝、大衣外套及領帶為主，吊掛衣桿建議規劃多一些，拿取順手方便，也不擔心想穿襯衫時衣服不平整。另外，領帶、皮帶、手錶的收納空間同樣建議結合格狀設計的淺抽盤，用來收納皮帶、首飾抽拉盤收納保存，分格可以加寬容納較大的皮帶。

Q43

衣櫃建議安裝玻璃門片嗎？有什麼缺點？

A

衣櫃加裝玻璃門片時，濕氣較重可能產生水珠，須留意櫃內濕度視情況安裝除濕設備。此外，玻璃產生刮痕、髒汙清晰可見，維護清潔上需耗費較多時間。若想保護貴重衣物，可以透過局部加裝透氣格柵、百葉門片的替代方式，減緩塵蟎產生、維護衣物的品質。

Q44

重視空間防潮性的屋主，挑選建材時要如何注意辨識？

A

挑選板材時，可以先詢問廠商或設計師板材的防潮等級或直接參考防潮等級、甲醛含量測試資料，判定板材的品質。

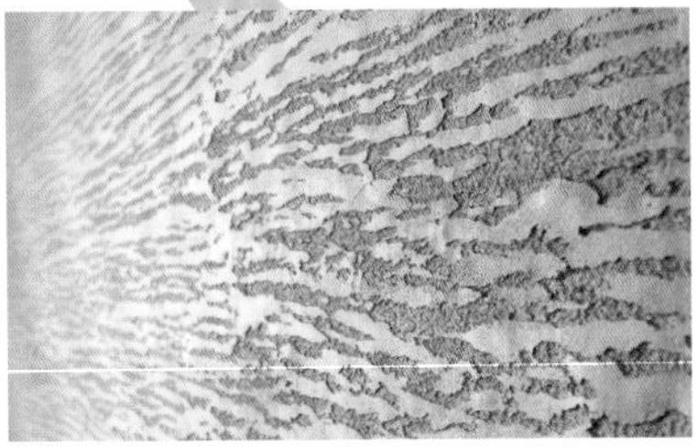

珪藻土具有防潮特性

Q45

有推薦的防潮、好清潔的建材嗎？空間濕度過高，還有其他的解決辦法嗎？

A

防潮建材種類繁多，常見的防潮材料有塑合板、系統櫃、紅木、防蟲防水角材、柳安紅木角材、吸濕的壁紙、硅藻土等。除了挑選品質良好的防潮建材，解決空間濕度才能根治濕氣問題，住宅位處濕氣高的區域時，建議必須安裝除濕機才能有效改善潮濕。若設計隱藏式冷氣時，結合規劃吊隱式除濕機，將設備一同隱形於天花板內，同時能改善空氣品質。

春雨靈感公開！

甲醛含量、防潮等級標準

甲醛含量可分三級

E0--- 甲醛釋出趨近於零。
E1--- 甲醛釋出小於 0.1ppm。
E2--- 甲醛釋出介於 0.1~0.2ppm。

防潮等級可分三級

V313--- 膨脹係數小於 6%。（一般稱為防水板）
V100--- 膨脹係數介於 6%~12%。（一般稱為防潮板）
V20--- 膨脹係數大於 12%。（一般稱為普通板）

Q46

玄關也想要有穿鞋椅機能，有什麼規劃建議或設計參考？

A

一般穿鞋椅座位範圍不需太大，設計師多會整合玄關收納設計一體成型的乘坐區。例如依據人體工學在合適的高度鏤空，讓櫃體留出一個平台，下方仍保留收納機能，上方成為穿鞋座位使用，提升櫃體機能以發揮小空間坪效。或者，透過活動式家具的配置，保留穿鞋椅的位置彈性，替玄關廊道保留彈性調整空間。

收納、機能統整設計！穿鞋椅提升鞋櫃實用性

穿鞋椅與玄關櫃的整合設計中，以符合人體工學的角度出發，提升玄關領域的實用性，對家中有長輩與小孩的家庭，更是一項貼心的功能。圖中大型懸吊式收納櫃中，透過中間留空的設計手法，框格出一人乘坐穿脫鞋舒適的領域，左右兩側收攏容量十足的鞋物，保持視覺與機能的平衡，打造完備的玄關空間。

鞋櫃＋行李櫃＋儲物櫃 符合居住者需求的玄關收納

在玄關的收納設計重點，首先要先考量居住者出門時的使用習慣，依循其需求循序漸進的規劃。同時可運用此區域安排行李收納櫃、穿鞋椅、雜物櫃的機能，活化每個角隅、發揮最大坪效。

Q47

許多人都遇過換季家電、行李沒地方放的困擾，小坪數該如何解決？

A

小坪數建議善用邊角空間，活化室內各領域的畸零地帶，櫃體較高但多處於暗處不易被察覺。若室內沒有閒置的角落能打造儲藏室，向各領域借一小區塊、加深原有櫃體的深度或利用一櫃多用的手法，亦能解決大型家電與行李箱的儲藏難題。

Q48

小儲藏空間如何規劃？需要分層組織收納嗎？

A

根據不同領域的儲藏空間規劃，有不一樣的分層組織。首先應思考預計存放在此的生活物品中，例如行李箱、吸塵器、衛生紙、拖把、高爾夫球具之中，找出最高、最寬、最長的尺寸，接著才能有組織性的安排收納分割形式與隔層大小，下面由兩間迷你住宅的臥室領域，示範如何打造小坪數的儲藏室機能。

春雨靈感公開！

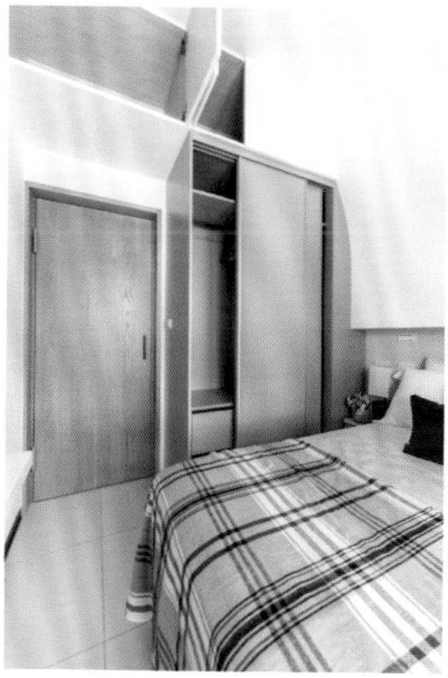

發揮天花板畸零空間！向上拓展儲藏高度

一眼望去容易忽略的天花板處，反倒成為小坪數擴增收納空間的解決辦法！此住宅為 13.5 坪小空間，臥室衣櫃利用天花板與牆柱之間範圍，創造出另一處儲藏地帶，能容納換季棉被、大型生活用品。此外，天花板收納不僅沒有阻礙視覺觀感，反而打造出門框效果，帶來拉抬屋高的雙重優點。

小坪數主臥墊高設計！向下爭取儲物容量

僅 9.9 坪的迷你住宅，主臥室墊高打造成臥榻式床鋪並整合衣櫃設計，從地面到壁面皆能運用。地坪架高爭取到的地下收納空間，大多數屋主用來擺放過季衣物，高度應至少超過 30 公分使用起來較方便。牆面儲藏空間則可以從還未架高的地坪一路安排至頂，分層上建議在下方預留能擺置行李箱、吸塵器的高度，完整利用牆面打造深度與高度足夠的儲藏機能。

Q49

請問找設計師搭配軟裝的優點是？預算如何分配？

A

許多網友提到，擔心委託設計師挑選家具，預算過高或不符自己喜好。其實，設計師會根據屋主的預算做調配，給予合適的家具搭配建議，且挑選的家具大多富有設計感或設計含量較高的品牌，相對品質也較有保證。以春雨設計為例，我們會替每位屋主搭配一位專業的軟裝師，協助屋主挑選家具的配色及款式，透過軟裝師美學專業，屋主想要的居家風格能更完整呈現。

Q50

未來住宅人數與需求可能有所變動，希望空間使用彈性化，有建議的規劃方式嗎？

住宅人口有所變動，通常多發生在新婚家庭，因此新婚宅規劃多會以「一物多用」的思考方式，減少空間的閒置、賦予較多的彈性。空間允許之下，預留一間書房或多功能房，坪效能發揮至最大，現階段作為工作室、休息區、儲藏角落，未來變更為兒童房甚至孝親房都合用。

家具與大型收納櫃的設計上，保留多一點活動式機能，未來想變更客廳座位方向或臥室衣櫃位置，具備較多彈性變化的可能。

A

CHAPTER

3

好收納、好清潔、好實用的精彩實作 CHECK LIST

我們相信，住家是個複合體、是個包容生活的盒子，而居住在其中的人們，回到家後將那些疲憊的、煩擾的留在門後，純粹享受家的放鬆及舒適，也為這個場域寫下動人的故事。

好收納、好清潔、好實用是春雨設計的設計心法。在了解空間的本質後，搜集居住者的意見，並且擬定預算計畫，以「好收納、好清潔、好實用」為基石，量身訂製各項貼近人心的生活機制，完成真正具有設計美學，並且好住的居家空間，一起來看看如何將好收納、好清潔、好實用的收納心法充分發揮的完工實例！

玄關

囊括多種機能，協助整合收納生活物品

玄關作為一個家的主要出入口，必需兼具完善的使用動線、收納及使用機能等需求，讓人早晨從此處著裝完備出門面對挑戰，傍晚回家後則卸下鑰匙、雜物及換鞋；除此之外，玄關更可以暫存衣物，收納家中的打掃的用具，因此玄關設計必需兼具美觀與實用性，讓人出門到回家都能感到暖心便利。

Part 1 好收納

玄關區域的好收納，大多需滿足進出門時必備的隨身小物、各種鞋履、雨傘、衣帽等物品的收納機能，讓人能迅速整裝待發。而玄關櫃的設計更可以整合整個住家空間的清掃用具，成為家中收納機能十分重要的一個區域。

Point 1 斜型格局引導動線，儲藏室增加收納量

透過斜型格局引導，指引進家門後的行走方向性，同時更維持居家空間一定程度的隱密度。在坪數大小允許的情況下，玄關設定一處儲藏室不僅協助大量的鞋子收納，具有大容量的特性，更能作為置放清掃用具或居家雜物的去處，可說是居家收納的好幫手！

依需求設定櫃體高度，抽屜增加彈性機能 Point 2

收納不等於儲藏，而是依照物件的種類分門歸類。

在設計玄關鞋櫃時，透過「需求調查表」了解居住者鞋子的數量、種類及高度，協助鞋櫃內部的層次設定，例如：男生的籃球鞋與女生的靴子便需要較高的隔層、平底鞋或涼鞋等鞋款則可收納於較低矮的隔層裡。

另外，在鞋櫃中加入抽屜的設計，可以有效協助在較深的櫃體中，拿取底部的物品，或可隨著使用需求隨時做調整。

Point 3 百葉＋造型門片，完善風格兼具透氣力

一般鞋櫃常見的透氣方式大多是在上下留有透氣孔或透氣層板，除此之外也能使用百葉門片，形成良好的透氣性。百葉門片更兼具營造風格的目的，例如：鄉村風格、美式風格等櫃體，都可以透過百葉門片營造出完善風格。

在櫃體的上下使用兩種不同的造型門片，避免頂天立地的大面積櫃體造成壓迫感，並且可加強風格的形塑。上下櫃體也能作為機能上的區分，像是較高筒的鞋子可置放在下方讓人較好拿取，上方則可收納球鞋或平底鞋。

掃地機器人有家了！透氣孔可兼做把手 Point 4

在櫃體的上方與側邊預先留有透氣孔，除了可有效協助通風透氣，更在櫃體一致性的設計上兼顧到作為把手的使用機能，讓使用者在開闔門片時更便利。

掃地機器人雖然是打掃整潔的好幫手，但是經常不知該被收於何處。在玄關區域預先拉好管線，在此處留有插座可供充電，掃地機器人也能有個家！

Point 5 穿衣鏡＋收納掃除工具用途，多功能又便利！

每日從玄關區域離開家中，而此處便是整理全身儀容的最後之地，在門片上加上全身鏡，可以讓人確認每日的服裝與鞋履搭配是否好看且有型。同時，可在此處安排可懸掛或置放包包的空間，出門前便利拿取、回家後簡單收納，通過便利的設計養成良好的生活習慣，讓空間更整潔。

玄關櫃也非常適合作為收納掃除用具之處，設定好尺寸及充電用之插座後，可做為收納手持式吸塵器的位置。

櫃體下方可做暫存處，多了穿鞋椅更實用！ Point 6

使用百葉門片完善美式鄉村風格、增加通風用途，櫃體中間部分以鏤空的方式設定為擺放雜物及裝飾品之處，打上間接光源讓櫃體不至於太有壓迫感。而櫃體下方留有空間，預留好插座及光源，可暫時置放拖鞋或近期常穿的鞋履。

同時，也能利用櫃體的整體性，加入穿鞋椅的機能，利用座椅的高度在上下留有收納的餘裕，釘上掛勾後更能掛上外套或帽子等物品，讓機能性更加分。

Point 7 降低銳角的存在，通過穿鞋椅讓牆體更圓潤

以木工現場製作的櫃體，可隨空間大小及使用機能量身訂製，並發揮畸零角落的功用，不浪費每一分寸。

同時，善用櫃體與櫃體的交界，以內凹式的方法製作，製作成和鞋櫃連成一體的穿鞋椅，降低銳角的存在，也削減櫃體帶來的壓迫感。

造型門片＋弧形屏風，完善風格指引動線 Point 8

以新古典風格為主的空間設計，在收納門片的設計上，除了線板的運用，藉由設計師的創意，以雷射雕刻的方式製作鏤空圖騰與明鏡交錯的造型門片，既實現了滿足風格的目的，同時鏡面放大空間、阻隔灰塵，讓櫃體的存在不再壓迫，也具備實用機能。

而圓弧的屏風，讓家中能擁有一完整的玄關區域，同時為進入空間時起到指引的作用。

Point 9 懸空櫃體 + 間接光源，降低視覺負擔

櫃體的位置切齊穿鞋椅，並以下方懸空再打上間接光源的效果，讓櫃體彷彿飄浮在空中，降低大面櫃體帶來的壓迫感；懸空的部份，可做為暫時置放拖鞋、鞋子之處。

在收納安排上也仍依據居住者的需求仔細安排，在鞋櫃中甚至隱藏了「一日衣櫃」的機能，可將穿過暫時不需要清洗的外套懸掛於此。

抽屜＋門片，多種櫃體讓收納更有彈性 Point 10

不同木皮的顏色加上錯落有致的安排，讓櫃體的存在更有趣，更成為立面造型的一部分。不同大小的櫃體依據深度及用途，規劃有不同的開闔方式，讓使用上更具彈性。

抽屜式的櫃體設計在櫃體底部的部分，其高度及設計有利於收納室內拖鞋等物品，以抽拉的方式打開櫃體，有效便於拿取其中的物品。

Point 11 增設傘架，下雨天出門不煩惱

在玄關旁的櫃體裡，依照高跟鞋、平底鞋、拖鞋、維修箱及書籍等物品分層規劃，並設有懸掛雨傘的傘架，在下雨天出門時，可快速拿取需要的物品，不再因為出門找雨具而忙碌奔波。

好清潔

在好清潔的部分，必需考量到此區域有大量的室內外進出，也是最容易帶進灰塵及髒污之處，因此地板的材質尤其需要慎選，能夠快速清潔、耐髒、不怕水的材質是最合適的！

Part 2

石速板＋拋光石英磚，零死角好清掃

Point 1

石速板是種高品質的新型裝飾用材料，可運用於地坪或牆面上，其優點是耐磨好清潔，又能高度仿真大理石紋。在玄關區域可將石速板用於牆面上，結合錯落有致的分割，讓牆面既能有石材的高級感，又有特色。

以好清潔為前提，在地面的鋪敘上，可選用拋光石英磚，光滑平整的地面也能讓清掃更輕鬆容易。

Point 2 大地色系 + 石材，耐髒好清潔

以大地色系石材作為玄關區域的地坪，與客廳區域的木地板有所區隔，成為空間的分界，灰塵可以落在此處不帶進生活空間中，同時平整的石材可直接用吸塵器清潔，簡單就可以掃除髒污。

花磚落塵區，耐磨、抗污、好清掃 Point 3

高溫窯燒而成的磁磚，表面無毛細孔、硬度高、不怕潮濕，某些經過特殊處理的磁磚更具備防滑的作用。將有特色花磚運用於玄關區域，可以在不用隔間的情形下，輕鬆界定出玄關區域，同時更能發揮其特性形成落塵區，讓鞋子上的灰塵停留於此處，不進入室內之中。

在清潔時，只需使用吸塵器清潔便能完成，其不怕潮濕的特性，也能使用拖把濕拖，無論是清潔或保養都非常簡便！

依風水結合佛龕，展現驚喜多功能用途 Point 1

依據居住者的風水考量及需求，在玄關處設置規劃為佛龕結合收納需求，既滿足風水上的考量，更加讓坪效放大到極致。

佛龕的設計顧及整體風格，運用簡潔、大方的線條造型，有技巧的將佛龕融合於整體設計之中，既有機能性、更符合屋主喜歡的現代風格。

Point 2 錯落層架展示收藏及全家福，表現家的個性

玄關是一個家的起始，所有賓客都將經過玄關而後進入公共區域。在此處增設造型層架，可隨意佈置收藏品或點綴綠意植栽，讓玄關設計既獨特又實用，一進門便能讓人感受這個家的獨特個性，創造完美的起始。

除了展示的功能外，同時增設小抽屜，可收納鑰匙、門卡或悠遊卡等隨身物品，讓展示層架更兼具實用機能。

開闔式門片隱藏變電箱，造型木紋成亮點 Point 3

變電箱的存在是必要而無法忽略的，考量空間的寬度、深度後，決定將這個區域製作上一片可開闔式的門片，挑選紋路粗獷的木皮紋路，直接讓這面門扇成為視覺焦點，達到遮掩變電箱的目的，同時兼具端景作用。

Point 4 穿衣鏡＋豐富收納，整裝出門最方便！

玄關處放置一面穿衣鏡，有助於出門前整理好服裝儀容及搭配，讓人更神清氣爽迎接一天的挑戰！結合鞋櫃的門片，不用再找地方置放，就能一物二用使出門更便利！

利用白色百葉片做為櫃體的門片，既滿足空間風格，同時也達到換氣的目的，美觀與便利一舉兩得。

穿鞋椅＋掛衣勾，出門不慌亂、回家更便利 Point 5

在穿鞋椅的牆面上，可以簡單結合掛衣勾，吊掛暫時不需清洗的外套或帽子，增加便利性及收納機能。另外，也可以將訂製穿鞋椅的背面，活用造型面板作為修飾變電箱的用途，更加活化訂製穿鞋椅的存在。

穿鞋椅的貼心設計，讓人出門或回家時都能在此處便利穿脫鞋子。在設計上，可以於裝潢時透過木工的現場訂製，讓穿鞋椅與鞋櫃一體成形、整合成為同一牆面，讓視覺上更有整體性。

客廳

收納影音家電，展現家的獨特個性

客廳裡的活動無論躺在沙發上放空、全家人一起享受家庭劇院，都令人感到格外療癒，因此空間氛圍的營造，更顯重要。此外，客廳是迎賓宴客的重要區域，將展示機能櫃設於此處，可放置旅遊時帶回的紀念品及收藏的珍品，讓往來的賓客都能一同欣賞，也讓家的獨特個性更為明確！客廳放置物品以共同使用為多，像電視音響週邊的 DVD 或報章雜誌，均需以取用及歸位都方便的條件來規劃，同時考量讓家中成員使用起來是否順手，在整齊度的維持上也比較容易。

Part 1 好收納

客廳區域的收納通常集中在電視牆處，除了整合設備，同時也能結合透空或玻璃門片做為展示用途。而電視牆的設計也是公共空間的聚焦之處，因此讓收納與美學兼具成為設計重點。

Point 1 展示櫃與機電櫃二合一，滿足所有機能！

電視牆的設計是整個空間最搶眼的部分，扮演著視覺焦點及收納機能的重要存在，而機電櫃的設計，是電視牆在機能規劃上最主要的部份，主要是為了將 DVD 機、遊戲機等物件妥善收納。

同時預留好所需的管線，讓視覺上純粹而無負擔。而這座電視牆的規劃，是將收納機能集中於一側，並利用虛實呼應的方式，有門片的部分作為機電櫃使用，而鏤空的部分則加上鏡面裝飾，成為展示個人收藏的展示櫃。

櫃體造型化，展示豪華影音設備 Point 2

對於有收藏影音設備的藏家來說，如何將設備展示、成為空間設計的一部分，同時又兼具實用的收納機能成為在空間設計時的一大考驗。

利用木作現場施工的靈活變化性，造型櫃體使用了原木及白色板材交錯，形塑出活潑時髦的造型，中間鏤空的部分可放置 DVD 機、遊戲機等設備，兩側則備有抽屜，可收納遙控器、說明書等物品。

Point 3 展示與酒櫃兼具，虛實交錯消弭份量

大面積的櫃體容易給人帶來壓迫感，適度的讓櫃體通過玻璃及木作門片虛實交錯的手法，消弭大面積櫃體在空間中的份量，同時讓整體更有造型！展示兼酒櫃的設計，可將收藏的水晶杯與藏酒一起擺放於此處，整合同品項的物品於一處便於取用。

半高電視牆，放大空間感 Point 4

電視牆兼具隔間牆的功能，但在小坪數的空間之中，大面積的牆面或櫃體容易讓空間顯得狹小擁擠，通過半高式的電視牆設計，便能讓兩個空間相互穿透交流，達到放大空間感的效果。

而電視牆旁側，設置有頂天立地的櫃體，完善客廳區域的收納機能。

Point 5 L型櫃體與夾層牆面合一，放大空間光線穿透

以精密的計算，了解夾層空間中的隔間和結構牆的具體位置後，選用不影響到房屋結構的隔間牆在轉角處，運用鐵件及茶色玻璃，製作出隔間與櫃體合一的特殊造型。

共用鐵件結構的穿透是玻璃牆櫃，下方為展示收納櫃，夾層以上則為透明轉角，上下串聯的作法在立面上更整齊一致，空間也能不經意擁有放大的效果。

輕巧抽屜矮櫃，活用畸零空間 Point 6

客廳沙發與窗戶之間往往容易產生白白浪費的閒置畸零空間，於美式百葉窗前規劃一只不擋住採光高度的抽屜矮櫃，不僅在畸零角落創造出好收好放的收納空間，更絲毫不影響自然光線進駐室內。充分利用每一坪效，並可於矮櫃上擺放一盞桌燈，以及畫作、相片與收藏、擺飾品，增添居家生活的品味與藝術氛圍。

Point 7 開放層格搭配抽屜電視櫃，消弭櫃體沈重感

延續空間的白色基調，電視主牆以白色線框營造出清新大方的視覺感受；電視櫃則以淺色石材鋪設於檯面與邊框，搭配抽屜與開放層格的設計，用虛、實的對應手法，化解櫃子量體的沈重感，巧妙讓空間輕盈起來。

同時賦予收納空間一開放、一閉合兩種不同功能，可依需求與喜好選擇收納方式，創造出空間的層次面貌。

多元材質電視櫃，豐富空間多樣功能與表情 Point 8

宛如一幅潑墨山水畫客廳主牆的大器風範，懸浮式的一排木質抽屜櫃設計，一方面將日常雜物收納於無形、二方面創造空間的輕盈感；右邊以深灰色格柵櫃將電視主機與所有影音設備隱藏於內，整齊收納各式電器、方便維修，格柵設計更具散熱效果。

而鋪設深色木紋背板的格架玻璃櫃，擺放屋主珍愛的收藏品，展演居家生活品味，運用多種材質的完美拼接，為空間譜寫豐富多樣的生活表情。

Point 9 頂天立地櫃，化解穿堂煞、創造大容量

位於玄關與客廳之間規劃一個從天花到地面的立櫃，化解大門一進來即可看到客廳前陽台的穿堂煞風水禁忌，並兼具保有屋主隱私權、創造超大的收納容量。

櫃子內部以可調整式的層板，可依收納物品調整所需高度，也讓隱藏於內的電箱隨時皆可輕易的開關；無把手、上下兩層以線板修飾的門板設計，為大量體的立櫃增添柔美視覺之效。

好清潔

整個家中最大的區域，擺設有沙發、桌几等家具，可運用耐髒、好整理的建材，讓人在清掃整理時更為方便，在設計上盡量降低死角的產生，有助於掃地機器人掃除。

簡潔俐落線條，降低空間清潔死角 Point 1

摒棄繁複的造型設計，透過線條俐落的白色天花與簡潔窗框，搭配大面積的落地玻璃窗與隱約透光的白色窗紗，讓室內與戶外的自然景致得以對話，烘托出客廳寬闊大器視感。

而純粹簡約的線條與造型，大大降低空間死角，不會造成四處堆積灰塵的困擾，輕鬆清潔無死角，恣意在家盡享舒心恬適。

Point 2 藝術塗料造型牆，環保耐髒增添亮點

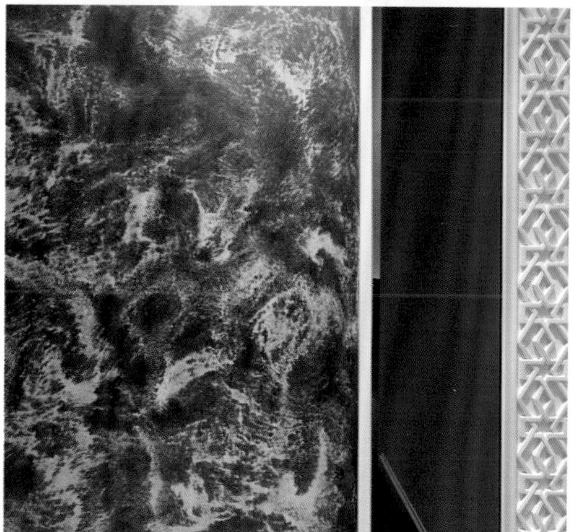

極具手感的黑、白、灰抽象紋路電視主牆，在配色計劃上創造出視覺的耐髒效果；採用先進技術的藝術塗料，具有良好的防護性，耐磨、耐髒、耐潮濕，不易卡灰塵；若是髒了，只要用溼抹布即可擦拭清潔，在為空間注入引人矚目的藝術亮點之際，亦兼顧日後維護與清潔的便利性。

新型水泥塗料，無接縫易清潔打造工業風 Point 3

因應屋主追求健康生活環境及喜愛的樸實調性，挑選無毒無甲醛的新型水泥塗料，在客廳主牆面以手工鏝刀刮出水泥特有紋理，擁有自然樸實的水泥質感，卻沒有水泥起砂起粉與龜裂的問題，耐磨、防水且無接縫特性，不易卡髒、易清潔，營造出輕工業風空間氛圍，置身其中令人感受到無比的舒適放鬆。

Point 4 擬真仿石紋美耐板，細緻質感永保如新

隨著科技的高度發達，近年來美耐板的擬真度愈來愈逼真，栩栩如生擁有石材紋理的高貴質感、又可避免石材吐黃不易維護的缺點，相當適合使用於居家空間。選用以白色為基底、綴有灰色紋理的仿石紋美耐板，形構客廳大面積的主視覺，經拋光處理，幾近百分百的石材仿真呈現，完美演繹冰心玉潔的清新大器，同時結合石材高貴與易清潔保養的雙重特性。

好實用

實用設計在於貼心的思維，客廳區域最常遇到佛龕的位置及設計、插座位置、電箱隱藏等問題，通過設計思維整合歸納後，讓這些需求化於空間設計的一部分。

佛龕與櫃體合一，和諧並存機能齊全 Point 1

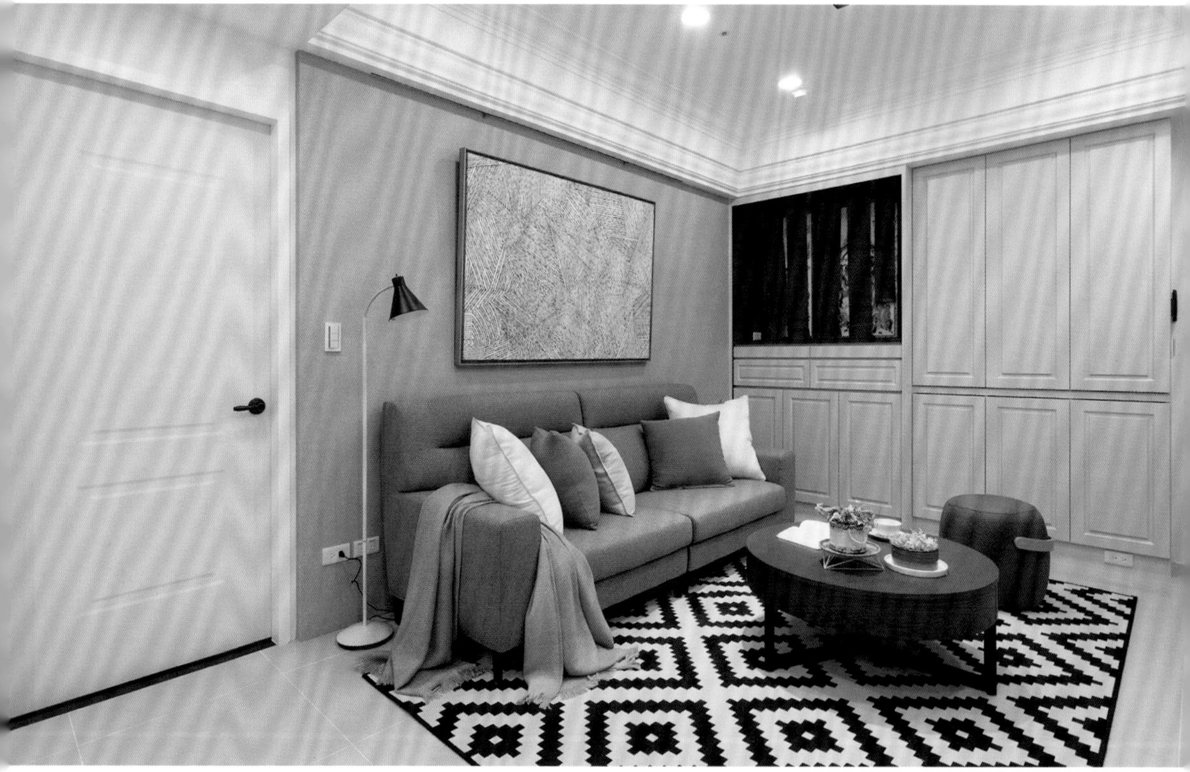

巧妙於整排櫃體之中融入佛龕的設計，維持空間清新舒爽的基調中，高明地打造出符合東方傳統習俗的佛桌功能。並於佛龕下方規劃隱藏式抽取檯面，祭拜時即可拉出擺放供奉祭品，不用時收起來保持櫃面視覺的一致性；設有兩個抽屜，方便收納各式相關用品，為任何空間創造出，集結收納日常用品與祭祀禮佛等多元化的實用機能。

Point 2 細節處的貼心設計，再也不會找不到插座

相信大家在家中想使用插座時，偏偏都有找不到的煩惱。於電視櫃上方特地規劃一隱藏式開口，打開面板即可看到一排配備有網路、音源等各式不同的插座，平時不僅可將電視影音設備等插座隱藏於內，臨時需要插座時不用再東找西找，也不用使用延長線免除絆倒的危機。闔上面板，空間視感整齊大器，貼心的實用細節，大大滿足生活需求。

幾何造型牆面，隱藏電箱於無形 Point 3

運用深、淺兩色木紋與三角、菱形等幾何造型，匠心獨具設計而成的客廳沙發背牆，搭配咖啡色沙發與木質茶几，讓空間洋溢著一股沈穩的律動。左側一隅其實悄悄地將兩個電箱隱藏其中，前方擺設一盞立燈，增添居家溫暖氛圍，更方便移動，讓開關電箱輕鬆便利，一次滿足視覺美感與實用機能。

Point 4 隱藏式暗門設計，整合牆面、延伸視覺

順延客廳白色造型立櫃中開放層架的木紋背板，整個牆面佐以質地細膩的木紋壁板裝飾，並巧妙將通往臥室與廚房的兩個門隱藏其間，化零為整的手法，創造出牆面的完整度與一致性，讓視覺得以無限延伸，形塑明快大器調性，賦予從客廳到臥室、廚房的通道實用功能與行走的樂趣。

白膜玻璃拉門，可串聯、可區隔空間極具彈性 Point 5

位於客廳旁的兩間臥室房門，採用以黑色鐵件為架構的白膜膠合玻璃拉門，透光不透視的特性，不管是開或關皆可同時保有採光與隱私。

靈活方便開拉的滑門設計，更為空間賦予極為彈性的實用功能，拉開即可串聯客廳與臥室，創造空間最大的視覺寬敞度；關上即可區隔出獨立的空間，保有個人最大的隱私權的設計。

Point 6 立櫃、隔屏與門三合一，同時滿足多種功能

透過體貼入微的規劃，讓一面牆壁完美化身為同時一次擁有收納、隔屏與通道等多元化的實用機能，並給予視覺豐富的美感。壁面左側規劃一立櫃結合開放層板，滿足收納生活雜物兼具展示收藏品。

中間以半高玻璃鐵件搭配半高石材牆面，區隔亦串聯客廳與書房休憩室；右側以長條白膜玻璃折摺門，完全打開時緊貼於壁面，極具放大空間效果，感受無比寬敞舒適氛圍。當需要獨立空間時，只需拉上折摺門，彼此不互相干擾，給予空間極大彈性的使用機制，為生活增添各種可能。

餐廳

提升用餐品質，高機能美味關係

現代居家空間中，餐廳不再只是單純的用餐場所，無形之中更肩負促進家人交流的使命，在這個地方可以一同閱讀、談天、辦公，兼具起居室、工作桌、休憩區等複合功能。因此採用開放式設計，不管是將餐廳與客廳、抑或餐廳與廚房，還是客、餐、廚空間串聯一起，都是當今主流趨勢，木質＋玻璃＋滑門高餐櫃，創造大收納、高機能。

Part 1 好收納

寸土寸金的現代社會，餐廳身兼數職，首要創造愉悅舒適的用餐環境之餘，還必需依照餐廳所串聯的空間，統整為一體進行規劃設計。透過結合多功能的各式造型櫃、層架，滿足收納、展現自我風格。

Point 1 中空＋拉門設計，大容量餐櫃超有型

細膩的木質肌理散發出樸實人文底蘊。以虛實設計手法將櫃體切割成不同材質的三個垂直量體，讓大容量的收納櫃彷彿漂浮起來，創造視覺的律動。串聯起三座不同大小的垂直櫃體，讓屋主可以更方便依據物品需求作分門別類的收納。

是鞋櫃、儲藏櫃、餐櫃，也是展示櫃 Point 2

位於玄關與客廳之間的餐廳，是居家中最具靈活彈性的空間，串聯起兩個空間、也聯絡起全家人的情感交流。

因應餐廳所在位置，為滿足從玄關置放鞋子、雜物，到餐廳擺放餐具、小家電，因此以至於客廳需儲藏用品、擺放珍藏品等需求，以簡約的落線條搭配純白門片、木質層架與背板，整合收納與展示功能打造而成的造型櫃，解決所有收納需求，散發純淨樸實風情。

Point 3 美式風格餐櫃，蘊藏收納、強化空間風格

延續整體風格的統一，以線板裝飾與格子玻璃打造一座新古典風格餐櫃，為用餐時光增添溫馨而優雅的美式風情，提昇用餐品質。打開餐櫃，配備現代五金拉籃的高櫃，木質＋玻璃＋滑門高餐櫃，可盡情收納各種零食和雜物的零食、乾糧、茶包、咖啡豆及調味料等逐一收納整齊，一目瞭然，在餐廳想吃什麼、喝什麼都很方便，盡享甜蜜美味關係。

木質＋玻璃＋滑門高餐櫃，創造大收納、高機能 Point 4

將餐廳規劃於靠近陽台透明落地門前方位置，大量的充足採光及一覽無遺的窗外自然美景，加上佇立於牆面的高餐櫃，溫潤質樸的木紋門片與木頭餐桌、餐椅相互呼應，內藏收納實用機能，搭配邊框綴以鐵件修飾和玻璃櫃，珍愛的餐具杯盤、各式酒品等皆可展示出來；中間一片滑門設計，變出料理備餐檯面，讓餐廳極具多元化功能。以美景佐餐、與光共飲，在此吃飯、喝下午茶、小酙談心、聚餐開Party…，心曠神怡、美不勝收。

Point 5 幾何線條層架＋矮櫃，整合展示與收納

以鐵件為架構、鏤空鐵板與實心木板為底板，於壁面構築的幾何線條層架，擺放書籍、相框、藝術與家飾品，展演居家個人品味。下方 L 型木質矮櫃，滿足餐廳及其它各式收納需求，讓餐廳除了飄出飯菜香，也能散發書香人文氣息，搖身一變為工作桌與書桌，一個空間多重使用機能。

日式無印風櫥櫃，小而美、收納齊全 Point 6

以純白門片搭配木質背板、開放展示層板設計而成的櫥櫃，是小坪數居家空間中絕不失敗的設計手法之一，恬適清新的色系搭配木質餐桌椅，簡潔純淨而溫潤的氛圍，打造日式無印風情。

小巧輕盈櫃體，卻蘊藏極大的收納空間與多元機能，開放層板可隨季節或心情更換展示品；集結高、中、低高度的內部，可依需求程度擺放包含玄關、餐廳與客廳的生活用品與雜物。

Point 7 一片滑門設計，賦予收納豐富表情

透過巧思，運用以線板多層次裝飾、宛如畫框的一片滑門設計，輕輕鬆鬆的左推、右拉，讓不是很大的餐櫃，擁有多種的收納機能與豐富空間面貌。

白色高櫃在白色線板裝飾搭配白底灰紋石材壁面開放櫃，以及實木餐桌搭配一盞典雅又藝術的樹枝水晶吊燈，彼此相互烘托，讓規劃於窗前旁空間雖然不大的餐廳，擁有豐富的收納機能、又能展演著不同生活表情。

以用餐為主要功能的餐廳，承載著享受各種食物、飲品時衍生溢出油污、湯湯水水與餘渣碎片等清潔煩惱，加上餐廳大都開放式，不能關上門眼不見為淨，因此具備好擦拭、易清理，方便隨時維持乾淨，才是設計規劃的王道。

簡潔光滑表面，不卡髒、方便清理 Point 1

從石材桌面餐桌，以至於石紋美耐板搭配茶鏡的頂天立地大餐櫃，透過簡潔俐落的設計語彙，以及光滑表面材質的運用得宜，不僅減少藏污納垢的機會，且具備易清潔的特性，不管是拿取與收放餐櫃的器皿與用品，抑或於餐桌上用餐，只需簡單擦拭，餐廳馬上清潔光亮，大器敞朗。

Point 2 玻璃隔屏＋捲簾，打掃輕鬆便利

如果無需太多收納，就還給餐廳一個簡簡單單的用餐環境！一片鐵件格子玻璃隔屏，延伸餐廳視覺，增添用餐的豐富面貌；兩片純白、灰色橫條捲簾，拉開引光入室、得以與窗外對話，放下隔絕外在紛擾。簡單純淨的空間，沒有多餘的裝飾，不需費力打掃，隨時享受用餐、閱讀、滑手機與聊天的愜意舒適氣氛。

整面層板＋磁磚壁面，耐磨好清理 Point 3

運用磁磚耐磨、耐刮、防水和不怕潮濕的特性，鋪貼於餐廳壁面的白色長形磁磚，搭配三個整面的木質層板及以一大面的黑色人造石矮櫃檯面，白、黑色系與木質的簡潔表面呈現，建構餐廳空間明亮舒暢調性，更具備易清潔維護的便利性，隨時保持乾淨樣貌。

Point 4 文化石壁紙＋白色拉門，減少清潔死角

呼應復古造型黑色鐵製吊燈及沈穩色系原木餐桌，捨棄大量體的櫃子和繁複的裝飾，使用文化石紋路的壁紙做為餐廳的主要壁面，降低真正文化石的凹凸面，再搭配左、右兩旁的白色直線條拉門設計，增加壁面設計層次。

簡單明快的大面積切割，延續整體空間基調，也大幅降低清潔的死角，時時刻刻整潔清爽。

好實用 當開放式餐廳儼然成為居家規劃設計的主流趨勢，不管是小坪數、抑或大豪宅，餐廳往往會跟客廳，甚或廚房、玄關相連一體，因此餐廳不只要滿足用餐的需求，更要能串聯空間、擁有多元化的複合功能。

Part 3

玄關、收納櫃合一，隱藏電箱、串聯客廳　　Point 1

小坪數空間常常無法規劃出可擺放鞋子的玄關，將玄關櫃與餐櫃合一，統整並分門別類收納鞋子、生活雜物用品等物件，甚至還能隱藏電箱，一個餐廳兼具玄關功能，亦串聯客廳為一體，放大公共空間，建構開闊舒適生活場域。

Point 2 高櫃＋展示櫃＋電視主牆，一氣呵成放大空間

灰色石紋佐以茶鏡玻璃點綴其間的大面積高櫃，從餐廳一路延伸到客廳轉化為展示櫃，再結合電視主牆櫃，整體一氣呵成，提供大容量的收納空間與展示功能，創造公共空間最大視覺尺度，也悄悄區隔並串聯客、餐廳兩個不同的空間與功能，注入同中求異、異中求同的豐富表情。

懸浮式格架，餐廳變茶室和書房 Point 3

上下懸浮的黑色開放格架之中，僅有一格使用淺色木紋門片裝點其間，讓視覺產生了不一樣的趣味畫面，裡面擺放著主人珍藏的茶具，使得餐廳也可化身為茶室，隨時都能在餐桌沏一壺茶、擺一茶席。而格架上的書籍與藝術品、古玩…等收藏，餐廳更可是閱讀室、玩賞室，置身其中，隨需求變化使用功能，待上一整天也不會膩。

Point 4 餐櫃結合佛龕，毫無違和感

華人一向有祭拜神明與祖先的習俗，但往往因為傳統神明桌與室內風格難以搭配融合，因此無法達成在家禮佛與慎終追遠的祭祀需求。經由設計的巧思，在白色餐櫃中間融入黑色木質打造的佛龕，隱藏抽取式拉盤及收納於內的移動式佛桌，使用時極為方便取出，不用時亦便利整齊收好，在現代居家餐廳空間不可思議的創造出兼具禮佛祭祀功能，而且絲毫沒有違和感，一點也不突兀，和諧兼容並存。

廚房

輕鬆收納鍋碗瓢盆，創造快樂下廚空間

民以食為天，可見廚房在居家中佔有舉足輕重的地位。隨著現代生活的演進，廚房不只要解決鍋碗瓢盆整齊收納又可方便使用、以及爐火和洗滌用水合宜、動線安排等基礎功能，創造整潔清爽、輕鬆烹飪的下廚空間；更可進一步透過開放式廚房或中島的設計，打造為家中的第二起居空間，讓廚房也可搖身一變成為親子、姐妹淘與親友，甚或是夫妻二人等談心、品嚐下午茶的悠閒場域。

Part 1 好收納

廚房除了要容納煎、煮、炒、炸、蒸等多種烹飪所需鍋具、器皿、家電、調味料等雜七雜八配件，還要擺放餐盤、碗筷等各式餐具。因此不僅要考慮收納整齊，還要兼顧方便使用，才能讓廚房乾淨整齊、且下廚沒負擔。

Point 1 畸零處設置高櫃，統整收納各式家電

科技發達的現代生活，小家電也愈來愈多元化，運用角落空間規劃集結層板、拉盤與抽屜的高櫃，消弭空間的壓迫感，並可依需求將各式小家電與廚房用品、雜物統整收納起來。其中的拉盤式設計更方便小家電使用時，可輕易的打開電鍋、氣炸鍋等鍋蓋及烤箱。

超大容量廚櫃，滿足廚房所有收納需求 Point 2

一大面整體規劃的廚櫃設計，採用深色石紋搭配玻璃的門板，賦予廚櫃家具化的美感視覺。玻璃層櫃擺放具藝術質感的杯盤與擺飾品，增添廚房的空間品味。

打開石紋門板，內置各式五金層籃與層板的超大容量，方便收納廚房各式烹調用具、乾貨食材、家電等用品與雜物於無形；關上門板，如同牆面般乾淨俐落的視感，讓廚房跳脫雜亂的刻板印象，創造出簡潔大器的空間感受。

Point 3 中島+邊櫃書架，增加多樣生活風情

巧妙於廚房規劃一中島，與廚櫃呼應的木質桌板搭配大膽的紫色及邊櫃書架，營造廚房與眾不同的優雅恬適氛圍。附洗手檯與電磁爐的中島吧檯，擺上高腳椅，化身為輕食料理區及咖啡廳，一家人在此享用愉快的早餐、下午與姐妹淘或獨處時喝杯咖啡與翻閱邊櫃的雜誌書籍；抑或小孩放學邊寫功課邊與下廚的媽媽互動交流，還是晚上夫妻二人小酌、品茗的閒話家常等，在在為廚房創造出更多彩多姿的生活樂趣。

活用收納五金配件，調味料罐及雜糧一目瞭然 Point 4

小小廚櫃也能創造出大大的收納空間，只要靈活運用一些五金配件，例如收取式拉籃搭配窄高櫃，以及吊掛式層籃安裝於廚櫃門板內，即可將雜七雜八的調味料罐、零食、乾貨、食材等整齊擺放，並能一目瞭然，拿取十分方便，將廚櫃使用機能發揮到淋漓盡致。

Point 5 善用每一分寸，集結多功能的收納方式

收納不只是收起來的單一方式，善用廚房各個角落，通過量身訂作的方式。不只是櫃子內部封閉式的收起來，半高櫃上方與下拉式的櫃體也可用來擺放杯盤、廚房用品，創造多元不同的收納方式，給予空間活潑生動的表情。水槽下方也能透過各種收納架將抽屜同時做到垂直與水平規劃，不需再另外花時間找適合尺寸的分隔配件。

不易見到的的五金、鉸鏈以及櫃體結構支撐是攸關廚房收納品質的重點，通過優異的五金與鉸鏈可以有效協助收納，也能隨時微調水平，活化檯面下空間。

木紋門板廚櫃，高效能收納、形塑廚房調性 Point 6

廚具家具化是全球近年來的流行趨勢，使用與客廳、餐廳家具或櫥櫃相同的木紋材質於廚房的櫃子門板上，讓廚房得以與客、餐空間相互呼應，擺脫廚房封閉、狹小、陰暗與油膩、髒亂的刻板印象，形塑廚房與其它公共空間整體的和諧調性，提升廚房收納空間的高實用效能。

Point 7 轉角拉籃＋升降收納架，將收納變輕鬆了

在整體規劃得宜、具有大量收納空間的廚櫃設計之中，隨著五金配件的推陳出新，不僅能夠深入平常不易使用的地方，創造出最大化的收納容量，也讓收納變輕鬆了！例如於轉角處安裝轉角拉籃，不但有效運用到平常不易使用的轉角空間，而且不用花費太大的力氣即能輕鬆拉出使用；至於位於高處的吊櫃，使用時往往需要拿凳子或梯子才能取用，於吊櫃內加裝升降式下拉五金架，只需輕鬆一拉，再高的地方也能方便拿取，增加收納空間利用率，創造收納使用的輕鬆便利性。

好清潔

用來烹飪各式料理的廚房，首要解決的就是華人有高溫快炒容易產生油煙的問題，除了挑選吸力強的抽油煙機外，使用不易卡油污及易清潔的材質，才能有效杜絕油膩，讓廚房也能隨時整潔亮麗。

Part 2

亮面＋霧面烤漆門片，白色廚房永保如新 Point 1

想擁有夢幻的白色廚房，又怕有油煙會弄髒嗎？只要慎選經過多道處理的鋼琴烤漆或陶瓷烤漆廚櫃門片，不管是亮面、或霧面，透過烤漆、研磨、拋光或消光等多道工序，材質便耐磨不易卡油污，清洗保養容易且不易產生刮痕，讓白色廚房輕鬆跟油膩和髒污說再見，永保長久乾淨潔白。

Point 2 人造石檯面＋木紋門板，沈穩質感又好清理

對於經常下廚的家庭而言，挑選表面沒有毛細孔、好清潔的人造石檯面，不管是切菜、備料及洗滌等繁雜工作，弄髒了都很容易清理乾淨。至於佔廚房視覺最大面積的門片，則可選用烤漆門板、美耐門片、塑合門片或使用經過特殊處理的木紋材質，易擦拭清潔、不易刮傷，深色系的天然木質肌理，營造廚房沈穩質感氛圍。

隱藏式把手＋黑色玻璃牆面，簡潔俐落易清潔 Point 3

於潔白光亮鋼琴烤漆門片嵌入鋁條做為隱藏式把手，沒有突出的把手等於降低卡髒卡油的機會，搭配採用同樣表面光滑的人造石　檯面及黑色烤漆玻璃牆面，不僅從門片、檯面以至牆面，皆能更加輕鬆便利的清潔與維護，突顯出廚房亮麗光滑的視感和觸感。

大面積烤漆玻璃牆面，無接縫不卡油污 Point 4

以清亮的烤漆玻璃的廚房壁面，一體成型無接縫，耐高溫、不卡油污，只需抹布輕輕擦拭，即可將難洗的油垢、髒污、水漬輕鬆清潔乾淨。當陽光從窗戶灑進廚房，潔淨清新的空間，悠閒自在氛圍洋溢。

Point 4 防濺玻璃隔屏，洗滌不怕外濺

廚房不只是烹飪各式料理的場所，更需洗滌下廚前的各式肉品、魚類、蔬菜水果等備料，以及飯後使用過的鍋碗杯盤等器皿。為了預防洗滌時水花四濺造成水漬，只需花點小巧思，於洗水槽旁安裝一片防濺玻璃隔屏，即可放心洗滌用水。

好實用

因應生活品質的日益提升，人們對於廚房功能的要求，不再只是烹飪而已。因此如何打造一個兼具下廚、用餐，以及可以與家人、親友歡聚交流等多元化生活機能的空間，成為廚房設計的重點。

Part 3

收納、書架、吧檯三合一，麻雀雖小五臟俱全 Point 1

只需佔據小小的空間，卻能創造出多重樣貌的生活風情！順著廚房大樑柱設計而成的半高吧檯，巧妙結合抽屜櫃及開放書架，不僅化解大樑柱的壓迫感，擺上高腳椅，不管是一個人享受愜意的獨處時光，抑或兩人對飲的甜蜜世界，廚房一隅也能化身為閱讀、打電腦、喝咖啡、小酌與聊天、放空等多功能的休憩角落。

Point 2 中島＋開放層架邊櫃，為廚房添功能、增樂趣

當開放式廚房儼然成為現代生活的主流，以香檳金色廚櫃門片、中島搭配白色檯面，讓串聯一起的餐、廚空間調性與用色和諧一致。而中島加上開放層架邊櫃的設計，不僅創造更多收納空間，更具備餐台、料理輕食的功能，還可成為家人享用早餐、飲品，愜意談心、放鬆小憩的美好場域。

玻璃隔屏＋玻璃拉門，隔絕油煙不隔互動 Point 3

因應屋主大火快炒的烹飪需求，以方便開、關的格子玻璃拉門，有效阻擋油煙四處亂竄，讓媽媽得以盡情於廚房大顯身手、一展廚藝。而於餐、廚隔牆中間裝設透明玻璃，讓喜愛做菜的媽媽，一邊下廚、一邊與在餐桌上寫功課的小孩互動。此外，更讓下廚不再封閉孤單，而是可以擁有更加開闊的交流視野，與在餐廳的家人或造訪的朋友開啟美好的對話。

Point 4 弧形懸空櫃體，柔化廚房表情兼具實用性

位於客、餐廳旁的弧形櫃體，以柔美的線條搭配懸浮式的輕盈姿態，延伸廚房空間視覺，並柔化廚房給人生硬的制式印象。開放層架與封閉門片的虛實交錯，透過隱藏於懸空櫃體下方的 LED 燈映射，以及轉角處的黑色搭配，烘托出廚房兼具收納實用性與獨特品味，打造一個既是下廚的場所，同時也得以與客、餐廳串聯一起成為更寬敞舒適的公共空間。

衛浴

舒適梳洗空間，紓壓安心殿堂

浴室，是個人的私密空間，時時刻刻與你我息息相關，在這一方寸世界，不管盥洗、如廁，還是沐浴、洗滌，除了符合清潔身體的基本功能外，隨著現代生活的緊湊繁忙，更要滿足心靈上的紓壓需求，以及越來越講究的健康與安全，進而打造一家大小都能安心、安全又能舒適使用、放鬆心靈的衛浴空間。

Part 1 好收納

浴室通常在居家空間中所佔的坪數都不大，但除了要容納馬桶、洗臉盆、浴缸或淋浴等基本功能的衛浴設備外，還要收納一家大小各式瓶瓶罐罐的沐浴盥洗用品，只要透過巧思規劃設計，衛浴也能兼具機能、收納與美觀。

Point 1 鏡櫃＋浴櫃，浴室收納法寶

鏡子是浴室必備，以鏡櫃取代鏡子不僅滿足照鏡子的功能，同時還可整齊擺放琳瑯滿目的梳洗用品與保養品；搭配洗臉台下方的浴櫃，內部下層規劃兩個抽屜櫃，可將大件衛浴用品及其它雜物，依需求分門別類的收納，讓使用時更順手好拿好收。不使用時門一關，所有雜七雜八的用品完全看不到，賦予浴室乾淨清爽的好感覺，也讓刷牙、洗臉、洗澡、上廁所等都能有心情

善用走道空間，設置乾區收納櫃 Point 2

於浴室外面走道規劃一頂天立地的收納櫃，可當作浴室乾區的收納功能，有別於浴室內濕區浴櫃的收納物品，這一超大櫥櫃可擺放毛巾、換洗衣物與怕潮濕的衛浴用具與用品，乾濕分區收納，創造更為舒適、潔淨及多功能的衛浴空間。此外，從濕區浴櫃到乾區收納櫃面，皆以美式線板裝飾，讓空間內外呼應，延伸視覺效果。

Point 3 多向開口收納櫃，兼具視覺美感

馬桶旁容易產生畸零空間，依現場尺寸量身訂作懸空的多方向開口櫥櫃，依馬桶坐下時的高度規劃一格開放格架置放衛生紙，讓衛生紙有個家，更方便上廁所使用；側面靠近走道處規劃為展示格架，擺放小飾品與雜誌書籍，皆很適合，並賦予衛浴空間視覺美感與閱讀功能。

活用畸零角落，毛巾櫃小而美 Point 4

靈活運用位於浴室旁的走道角落設計而成的三格小櫥櫃，空間雖窄，用來擺放毛巾剛剛好，小巧而精美；三層設計可分層分類收納，第一層放大人用的毛巾、第二層放小孩用的毛巾、第三層放浴巾，按照需求區分擺放，養成各自做好收納的習慣。

Point 5

木質櫥櫃+開放層架，可放洗衣機

浴室以乾濕分離規劃，淋浴區並以玻璃拉門隔絕洗澡時用水四濺，確保乾區的清爽。於乾區量身訂製上方為收納櫃、中間為開放式層板設計，下方空間則用來擺放滾筒式洗衣機與洗衣籃，在創造收納空間的同時也讓衛浴具洗衣間的功能；木質門板搭配咖啡與深藍相間馬賽克壁磚、淺咖啡色方塊磚與灰色地磚，鋪陳衛浴空間的溫潤質感，別具一格。

Point 6

爭取空間，馬桶上方也能收納

小小一間浴室，為了創造更多的收納空間，通常會被忽略的馬桶上方，只要計算好正確的高度與深度，避開上廁所起來時會碰撞到的地方，深度不宜太深的小巧櫥櫃，剛好可以用來擺放衛生紙與女性用品，化解如廁時衛生紙用完或有不時之需時的困擾。

好清潔

不論居家坪數的大小，浴室是家家必備空間，但也通常是家中最容易潮濕與藏污納垢的地方，只要慎選好清潔維護的衛浴設備與地壁材質，或者運用現代科技的抽風機、乾燥機等，輕鬆保持衛浴的清潔乾爽。

Part 2

俐落造型，清潔零死角 Point 1

避免過多繁複的造型，簡潔俐落的鏡櫃、洗臉盆與檯面設計，空間上沒有過多堆積灰塵污垢的死角，相當容易清潔，鏡面、白瓷盆與黑色磁磚的搭配，易清理維護的材質屬性，讓衛浴空間常保現代時尚感。

Point 2 乾濕分離＋乾燥機，清爽不潮濕

運用玻璃門區隔出廁所、淋浴區與洗臉、沐浴區，妥善的乾濕分離規劃，再搭配安裝浴室暖風乾燥機，時時刻刻換氣乾燥，杜絕牆壁磁磚縫與角落滋生黴菌，隨時保持浴室的乾燥清爽，就是輕鬆清潔衛浴的根本關鍵。

浴缸加裝玻璃隔屏，防止水濺出 Point 3

有鑑於浴室不大，不能規劃乾濕分離時，在浴缸加裝玻璃隔屏取代市面上販售的浴簾，不僅有效隔絕洗澡時水會濺到外面，保持浴室乾爽，玻璃材質清潔起來更加方便，而且亦大大提升衛浴空間的質感。

Point 4

石紋磚＋木紋磚，耐磨耐洗

磁磚製造技術的日新月異，不管是石紋磚、還是木紋磚，擬真度更貼近自然，耐洗耐刷耐磨的特性，最適合舖貼於衛浴空間，不管是用水洗、還是清潔劑，都不用怕刮傷，相當方便清潔，形塑自然樸實氛圍。

Point 5

灰色基調＋霧面磚，止滑抗污

灰色石紋壁磚與素灰色霧面磚的搭配，以中性基調構築浴室沈穩氣息，令人置身於此方寸空間，感受到釋放壓力的安定感。灰色在視覺上有耐髒之效，加上經過特殊施釉的霧面磚，具止滑抗污的物理特性，不易卡髒，清潔便利、輕鬆維護，讓浴室清爽如新。

好實用

因應現代社會生活步調的緊張繁忙，人們渴望回家得以釋放壓力，卸除武裝，放鬆自己。浴室，便從梳洗沐浴功能，躍升為紓壓、與自己身心靈對話，甚或美容 SPA 與健康養生的多元化場域。

Part 3

造型門片，隱藏衛浴 Point 1

來場與自己身心靈的私密對話，在衛浴空間的方寸世界透過洗滌身體、也洗淨心靈，撫慰疲憊的身體、煩躁的心靈。因此，將浴室門片以長條木紋搭配白色方塊，設計成幾何造型，宛如牆面一般，浴室隱藏不見了，給予最隱私的私密空間感受。

Point 2 石紋磚保養簡易，宛如高級飯店質感

將細膩的石材紋理運用於磁磚或陶板磚上，讓高級而經典的自然紋理好保養、耐使用、得以走入濕區，同時令浴室區域也能擁有一氣呵成的大器氛圍。在搭配上使用最經典的黑與白配色，配搭獨立浴缸、落地龍頭圍塑出高級飯店般的衛浴質感。

掀門＋展示＋雙面櫃，賦予多功能 Point 3

位於浴室角落量身訂製的懸浮頂天立地櫃，木紋門片注入溫馨氛圍，沖淡衛浴的冰冷感受；掀門與展示格架交織的收納櫃，兼具收納功能與陳列視覺美感。靠近馬桶的櫃面，特地於低矮位置規劃三層格架，擺放雜誌書籍，恰巧符合如廁高度，在浴室注入體貼入微的閱讀功能，令人不禁會心一笑。

Point 4

雙馬桶設計，如廁更放鬆

相信大家都有爭相搶奪上廁所的經驗，以花磚舖設地、壁架構出如廁區，加上雙馬桶的配備規劃，創造出衛浴空間中的個人小世界，不用怕有人跟你搶廁所，讓如廁可以更加舒適、輕鬆、自在。

Point 5

獨立馬桶區，使用更具彈性

貼心的將馬桶獨立自成一區，有人上廁所時、其它人也可洗手、刷牙、洗臉，甚或洗澡淋浴，從此不再受限，讓衛浴空間更具靈活的彈性使用。樸實的木紋隔屏相當有厚重感，既溫暖又安定人心；馬桶區舖貼大面積茶鏡，放大如廁空間，更寬敞舒適。

臥室

自在私人天地，舒眠放鬆做自己

人的一生中約有三分之一的時間在臥室，這個專屬個人的私密空間，不只提供舒適的睡眠，也反映出居住者的自我個性，裝載著每個人的小祕密。因此，依照每個不同使用者的喜好風格與生活需求去量身訂作，從顏色、燈光，到各式機能與收納，以致風格的呈現，體現臥室主人個性，盡享無拘無束、自在做自己的私密國度。

Part 1 好收納

居家空間中，臥室是私密的個人場域，不管是睡覺、抑或妝扮，還是閱讀、滑手機、上網、小憩與放空…，在這個不大的空間，卻要滿足各種需求，唯有妥善做好收納，才能創造出多元化的舒適悠遊自我天地。

Point 1 書桌、移動式電視、衣櫃，三合一

沿著面對床尾的牆壁，從頭到尾設計一結合書桌、格架和 3 個深淺木紋衣櫃，巧妙修飾並運用樑下空間一氣呵成，充分活用每一坪效。靠牆角的圓弧桌角與格架，柔化空間表情，一次滿足閱讀、上網、收納書籍雜誌與陳列喜愛的擺飾品。由淺至深的 3 個衣櫃，內部空間規劃滿足各式收納衣物的配備與整衣鏡，外面特地設計移動式電視，可隨需求調整位置，同時滿足在臥室與衛浴都可觀看電視的需求。

L型書桌，內藏上掀式鏡面 Point 2

延伸木紋床頭背板設計而成的L型書桌，上方以白色L型格架跳色配搭，創造收納與展示兩種功能，更烘托活潑氣息；下方木紋書桌給予沈靜感受，令人得以盡情放鬆徜徉於閱讀天地。

此外，書桌藏有一個極具創意的巧思，特地設計兩個上掀式鏡面，同時滿足使用者有化妝鏡的需求，又結合收納功能。

Point 3 移動式櫥櫃，結合收納與桌面

靈活運用位於床與窗戶中間、大樑下方的長條形畸零空間，特地量身訂製一抽取式上櫃，只要輕鬆一拉，再深的位置都能方便拿取與收納；下方則設計為移動式抽拉櫃，櫃子下方附滾輪，整個可以拉出置放於床旁邊，即可搖身一變為桌面，用來看書或動手做喜歡的手作，還是放零食與飲料，就擁有別具洞天的自我空間。

床板＋衣櫃＋書架，三合一的機能設計 Point 4

使用木紋與白色做為空間的跳色搭配，臥室溫馨中帶有清新的活潑感。結合床板、衣櫃和書架為一體的設計概念，於床尾處連接衣櫃剛好在牆角收尾，右側巧妙安置頂天立地的開放書架，為坪數不大的小孩房，創造大大的開放與封閉式兩種收納空間。

Point 5 床頭收納櫃，暗藏收納及化解頭頂壓樑

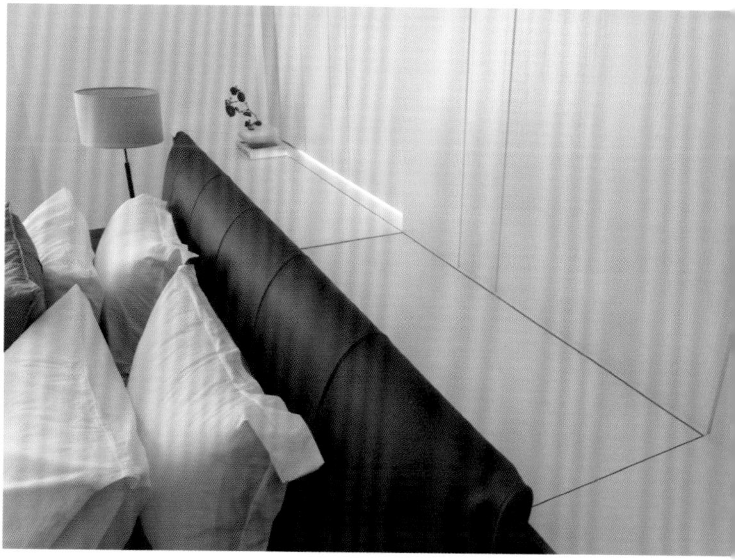

於床頭繃皮革背板後方多規劃一床頭櫃，不只巧妙化解床壓樑的風水禁忌，還可用來收納換季衣物及棉被等，延伸床頭櫃而上並以壁板黏貼於牆面，寬窄壁板勾縫交織，形成幾何線條視覺律動。

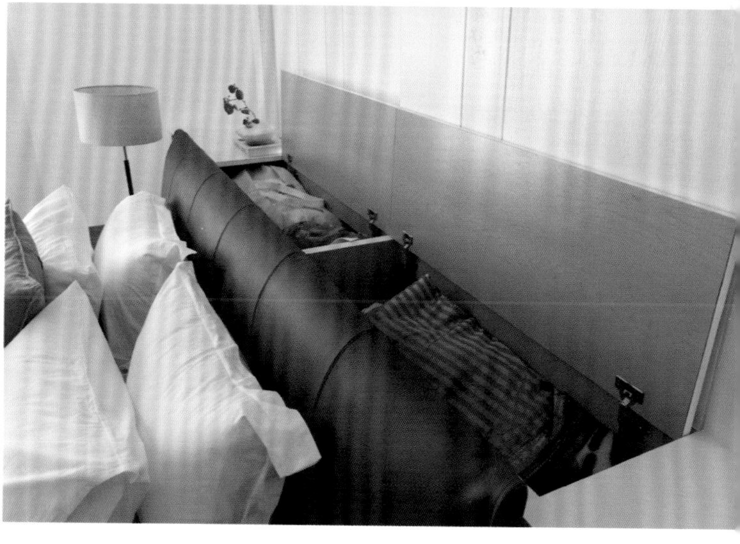

床尾一字櫃，隱藏穿衣鏡 Point 6

順著臥室大樑設計而成的一字櫃，不僅擁有大容量的衣櫃功能，側面中空的設計，嵌入一盞投射燈，擺放藝術品，為臥室注入質感品味，也增添溫暖氣息；與床板串聯的設計，賦予空間完整且一致的效果。

而最特別的地方，莫過於隱藏於櫃子後方的穿衣鏡，使用時只要輕輕一拉，大面鏡子即呈現眼前；不使用時收起隱藏不見，創造空間的簡約俐落，避免鏡子對床的風水禁忌。

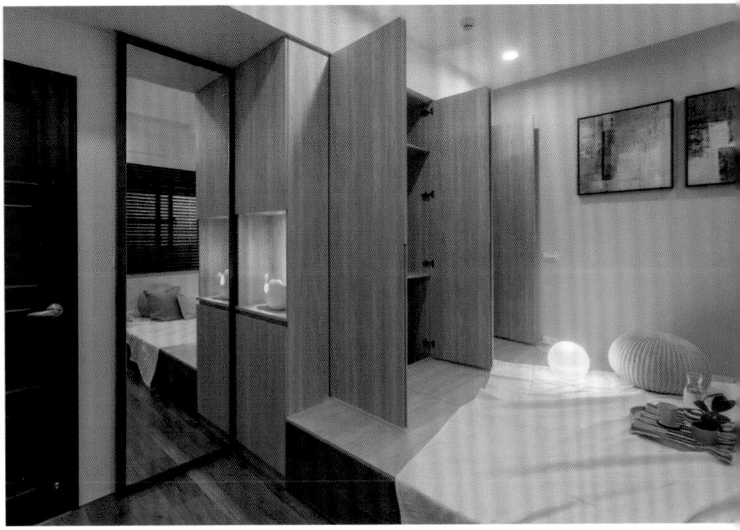

Point 7 一體成型床頭櫃，多元收納功能

千萬不要小看床頭後方的收納空間，只要多留僅僅寬 30 公分的空間做為床頭櫃的設計，上方規劃開放格架搭配左右兩側的掀櫃，將櫃體設定為各種不同的高度，裡面可依照居住者的需求，收納各式雜物及寢具用品。

小小一個床頭櫃，不僅可以放置喜愛的擺飾品展示出來，更可將房間小雜物或衣物整齊的收納起來。

ㄇ字型更衣室，打造收納城堡 Point 8

沿著壁面打造而成的一座超大ㄇ字型更衣室，內部規劃極具多元化配備巧思，層架、吊桿、拉籃、抽屜櫃等，從懸掛大衣、外套、襯衫、長褲、裙子，到折疊擺放的毛衣、T恤、針織上衣，還是領帶、襪子、貼身衣物，以及包包、棉被等等，皆可找到適當的地方一一收納整齊，並且一目瞭然。搭配整體的木紋質感，給人一種安心的穩定感。

Point 9 造型衣櫃，活化空間表情

一幅散發著悠閒氛圍的寬敞歐洲街道大圖輸出牆面，為單人房展演開闊寫意情調，呼應此基調以斜線分割的衣櫃門片，化身為把手，也為衣櫃增添律動造型，集結收納與視覺美感於一體，再搭配床頭櫃與床板下方抽屜櫃，在在為小小一間單人臥室，創造超大的收納容量。

而石紋嵌入流線燈槽屏風，挹注溫馨因子，賦予房間隱私性，讓睡眠可以更安心。

從早上起床一睜眼、到夜晚上床睡覺，都是從臥室開始，如何打造一個舒適的臥室，就從易清潔、好維護的房間開始。透過適當得宜的規劃設計與選材用色，讓你輕鬆打掃，隨時擁有一個清潔舒爽的房間。

避免無謂裝飾，不易藏污納垢 Point 1

從簡潔俐落的床頭壁面，到簡約清新的窗紗窗簾，以至一字平台設計，全然沒有絲毫過多的裝飾與繁複的造型，當然不會藏污納垢，打掃方便迅速，時時刻刻維持房間的整齊。

而淺紫藕色床頭壁面，搭配灰藍色窗簾與淺色牆面，於簡約空間中增添活力與溫暖。

Point 2 光滑壁板，可用抹布擦拭

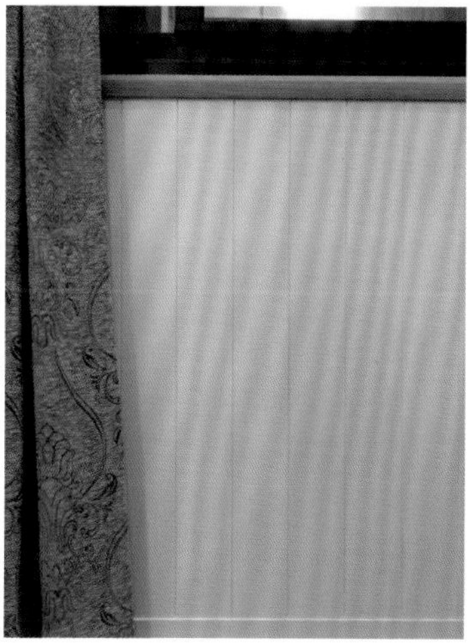

臥室靠窗處是最容易堆積灰塵的地方，因此靠近窗戶的衣櫃與化妝櫃表面材質，皆使用光滑的木皮及白色烤漆處理，不易卡髒，髒了用抹布輕輕一擦即可恢復原來的光滑清潔。窗戶下方特地於牆上黏貼白色長條壁板，不管風吹日曬雨淋，皆可用抹布擦拭，清潔維護就是這麼簡單搞定。

簡約線條＋風琴簾，不卡髒採光佳 Point 3

不管是以灰色牆面搭配木紋壁面的臥室床頭主牆，抑或窗前的一字桌面搭配抽屜櫃，皆採用簡約的線條與樸實的材質，不易卡髒與容易清潔的特性，展演一室清新且爽朗的無印風。

為保有大面窗戶絕佳的採光，挑選可上下對開的風琴簾，自由隨意調整採光面向，更可隔絕外在髒污進入室內，並兼具節能、隔音與防紫外線、防水等多重效果。

Point 4 大膽用色＋平整檯面，好打掃易維護

大膽使用活潑的紫色妝點臥室主牆面，色彩飽和的視覺效果，可巧妙遮掩掉髒污。從上方以白色層板搭配白色吊櫃做跳色，到床的四周順沿小樑柱做木紋檯面修飾，以及床旁擺放的ㄇ字書桌，通通採用平整檯面的設計語彙，營造現代時尚空間感，打掃起來更不用吹灰之力，輕鬆維護輕而易舉。

從書桌上方以白色層架，到床頭搭配的白色吊櫃，下方從完整書桌至木色系平台，皆以貼心設計符合屋主的生活習慣出發，除了滿足屋主期待的風格氛圍，材質的選擇、施作的細節讓打掃維護也能更輕鬆簡易。

安置床頭燈，貼心小巧思 Point 1

安裝於床頭兩旁的床頭燈，除了制式印象提供睡前閱讀之用外，由於現代人資訊發達相當仰賴手機，因此不管是睡前或坐臥床上滑手機瀏覽的人越來越多，此時打開床頭燈，減少手機螢幕藍光對眼睛的傷害。

此外，若是半夜想上廁所或突發事件，隨手即可點亮的床頭燈，更可預防摸黑起床所產生的意外。

Point 2 滑門式化妝鏡，化解不良風水

鏡子是臥室必備的重要物品，但若不留意往往會觸犯床照到鏡子的風水問題，其實依科學方面而言，因鏡子有反射光對著床容易造成神經衰弱和睡眠不良的狀況。若化妝鏡位置剛好會對到床，利用滑門結合化妝鏡的設計，輕輕拉出來即可使用，不用時輕輕一滑，就可讓化妝鏡消失不見，順利化解鏡對床的風水禁忌。

橫拉門設計，擋煞遮雜物 Point 3

現代人越來越離不開電子產品，除了公共空間外，臥室也都會安裝電視或電腦等設備，其實用來休息的臥室，在風水上來講，若電視對床會對人的運勢產生不良影響，而電視因會產生輻射，若對著床，也不利於身體健康。於電視前面加裝一片拉門，不看電視時即可隱藏電視，擋掉風水煞氣；另外同時也於窗戶旁高櫃加裝一片拉門，輕輕拉上即可將房間雜物瞬間化於無形，保持房間的整齊清爽，避免掉不必要的晦氣。

Point 4 中空灰鏡，視覺穿透

為了在坪數不大的臥房創造出大容量的收納空間，又不會顯得過於侷促，將衣櫃與收納、展示結合為一，頂天立地大面櫥櫃一次滿足所有收納的需求；外觀上以木紋門片搭配中空灰鏡，以及最右側的開放格架，讓視覺得以穿透，消弭大面積櫥櫃帶來的壓迫感。

移動茶几，臥榻變咖啡廳一隅 Point 5

採光與視野極佳的窗前，增設臥榻搭配下方的抽屜櫃，不但在臥室營造出一愜意休閒空間，同時也創造收納功能。

而可隨意移動的茶几設計，讓臥榻不只可坐可臥，更搖身一變為宛如置身於咖啡廳的角落，在這一隅自在喝下午茶、閱讀、看手機或放空眺望窗外景觀，怡然自得。

Point 6 一道小拉門，採光兼顧風水

明亮的採光與通風確實可以讓臥室更加清爽舒適，因此房間有開窗是有益的，但是倘若床緊靠窗邊，從風水角度上來說有觸犯「床靠窗，易遭殃」的疑慮，再者，人在睡眠休息時抵抗力較差，床頭靠窗易吹到夜風，會引起頭痛、感冒等小病症。

窗戶前安裝一道小拉門，並將寬窄相間的門板延伸到壁面，讓床頭背牆整體視覺更顯大器，拉門一開引進充沛的自然採光於室內，拉門一關確保睡眠品質，巧妙解決風水問題。

臥榻結合下方收納，營造愜意小角落 Point 7

寬敞明亮的主臥室，大衣櫃、電視、梳妝台等一應俱全，功能完善、清新舒適，且空間別具風格。

不過，悄悄於窗前設計愜意小角落，像是於私人空間創造出極為隱密的一隅，窩在這兒有種令人不被發覺的安全感，讓身心靈獲得全然的釋放。

Point 8 可愛把手，寓訓練於實用之中

深、淺藍色塊交織彩繪於牆面的小孩房，帶來生動活潑氣息；白色大面櫥櫃，滿足小孩從小到成人的所有收納需求，把手以各種可愛動物圖案妝點其間，小白兔、長頸鹿、小丑魚及小汽車等化身為實用的把手，吸引小朋友去觸摸開啟，無形之中訓練小孩自己擺放衣物、玩具與用品的習慣；把手更可隨年齡的增長更換為其它圖案與形狀，從兒童房、青少年房，一直使用到大學與成人。

掀床設計，一房多用 Point 9

不把空間做死，靈活運用一些巧思的設計，一間臥室可以變身多種樣貌。誠如將掀床設計與衣櫃整合在一起，結合為一體並靠牆規劃，門板以線板加框裝飾，當掀床收起時整體視覺完整、風格一致，寬敞的房間可成為小孩的遊戲室、或者是大人的娛樂場所；有客人來訪時，掀床放下搖身一變為客房，讓房間擁有多重功用。

Point 10 洞洞板，可調整式懸掛衣物

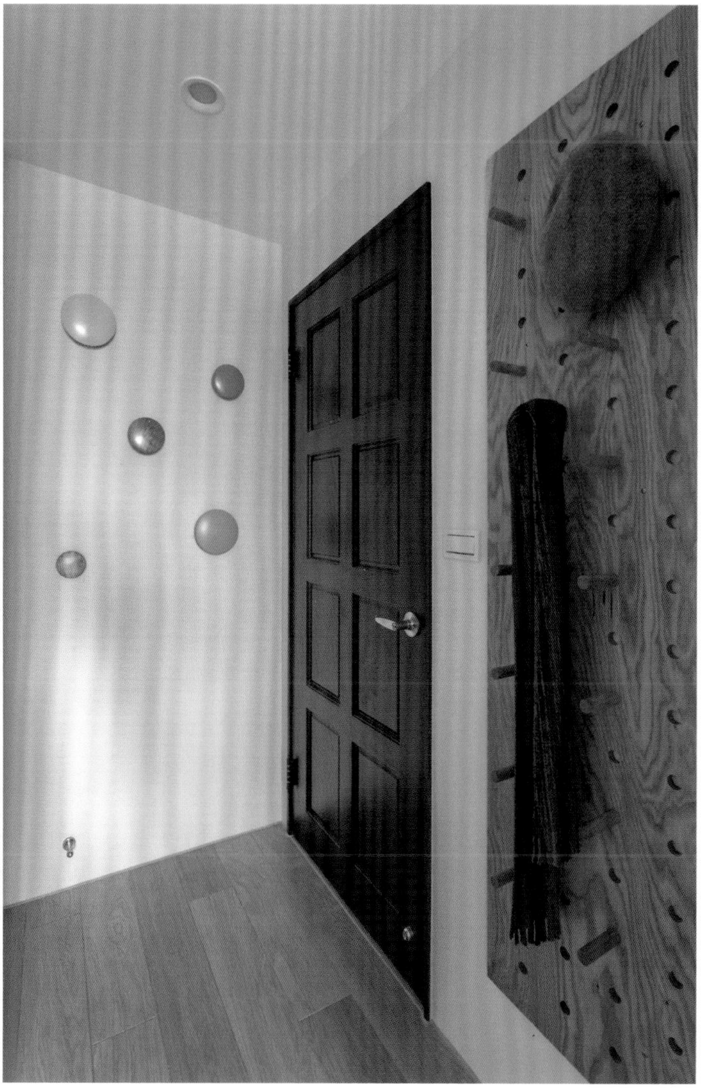

如何為小房間爭取到更多使用空間，不妨在牆壁安裝一面洞洞板，搭配插於洞內的木棍，可隨需求調整到想要懸掛的位置，用來掛衣服、外套、帽子、袋子、圍巾等皆很適合，拿取方便，也創造不同的視覺感受。

更衣室

收納衣物的家，妝點自我的舞台

生活水平的日益提升，人們對居家空間規劃的要求也不再只是滿足基本功能，於是便取代僅是收納衣物櫥櫃的「更衣室」應運而生。不只對女性而言，甚至是男性，更衣室是許多屋主的夢想空間，一個不只是收納衣物飾品的衣帽間，更是欣賞最愛服飾配件的展演空間，也是妝扮自我、獨處沈澱的專屬城堡。

Part 1 好收納

收好、收滿是更衣室的基本配備之外，更要收得漂亮、收得有自我風格，甚至收得像精品店的展示櫃一般有質感。所以，更衣室的收納不只注重擁有大量的櫥櫃可供擺放各式衣物配件，還要講究品味質感的營造。

Point 1 紅磚展示牆＋茶鏡收納，演繹工業風

紅磚、黑鐵架、木板建構而成的大面積展示架，懸掛著各式牛仔褲、擺滿了充滿造型的包款與配件；對面一大排茶鏡門片櫥櫃，滿足收納大量衣服的需求，搭配延伸過去的化妝鏡，映射著對面的紅磚與黑鐵架，令人宛如走進洋溢工業風情的服飾店。打開化妝鏡內藏淺櫃，可供女主人擺放各式化妝、保養品等；雙排燈設計，提供梳妝打扮時充足的照明，增添現代工業風采。

深淺木紋，創造櫥櫃立體感 Point 2

細膩的淺色木紋肌理，從化妝桌上方吊櫃與下方抽屜櫃，到呈L型的三座附門片與開放高櫃，一路延伸鋪陳；佐以深色木紋點綴於桌面、檯面與重點直線，搭配黑玻與鏡面門片，在創造不同收納功能之外，主人家收藏的衣物、精品配件一目了然，讓收納及展示目的一次達成，散發溫馨質感氛圍，令人安心放鬆或妝扮或靜靜欣賞。

Point 3 黑色鐵件吊架，留白的收納美感

不只女主人、包括男主人，擁有一間更衣室是絕對是大部分屋主的夢想清單。因此，除了以大量附門片及開放式櫃體，搭配拉籃、格抽、抽屜櫃、吊桿、層板等各式實用五金配備，藉以收好收滿並收整齊外，適度留白設計黑色鐵件吊架，透過與粉藍色牆面的相互輝映，隨心情及季節更換掛上喜歡的服飾，擺放心愛的包款，打造令人流連忘返的小城堡。

茶鏡雙拉門，打造祕密基地 Point 4

一整面 L 型高櫃搭配窗前半高櫃的更衣室，運用茶鏡雙拉門藉以區隔化妝桌兼書桌與睡眠區域，讓在臥室看不到更衣室，圍塑出帶有神祕感並自成一區的獨立空間，滿足大量收納之外，採光極佳與極為隱密的特性，在這方寸天地，可以自在換穿打扮，抑或盡情釋放壓力的心靈場域。

Point 5 門片高櫃＋開放層架，可收納可展示

保留開窗為更衣室引進充沛的自然採光，清新明亮的空間呈現，讓更衣室不只是收納服飾配件的家，更是屋主自我獨處的悠遊世界。

門片高櫃、半高抽屜櫃與展示格架高櫃的相互搭配設置，可收納衣物於無形，也可是展示心愛包款、鞋款、首飾的耀眼舞台。而從臥室看不到更衣室、但從更衣室可看到臥室的茶鏡玻璃雙面拉門，打造極具隱密性的私人空間。

好清潔

裝載著每天更換與妝扮的衣服、配件，甚至於包包、手錶、首飾、帽子與化妝品等的更衣室，如此貼近你我的身體，除了大容量的收納空間外，如何隨時保持清潔更是規劃時必須一併思考的重要元素，才能表裡合一。

Part 2

鏡面拉門＋簡潔線條，杜絕灰塵 Point 1

將穿衣鏡與拉門結合為一的設計，不僅解決更衣室必備鏡子的實用機能，同時賦予放大空間的視覺效果，最重要的是輕鬆將拉門一關，完全阻絕灰塵於門外；加上摒棄繁複造型，搭配簡潔俐落的櫥櫃，方便清潔，就會樂於打掃，常保更衣室乾淨如新。

Point 2

平整門片，不卡髒污

一整排頂天立地的衣櫃，以兩種不同木紋門板與把手造型，既創造大量收納空間又豐富視覺變化，還可依服裝或配件分門別類加以收納。而平整門片的運用，於內於外皆不易堆積灰塵與卡髒，若有髒污只需抹布一擦馬上清潔乾淨，不費力氣好維護。

Point 3

特殊塗料，防潮可擦拭

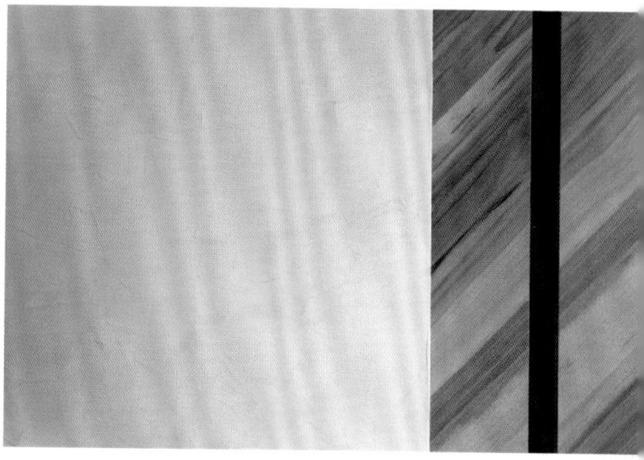

海島型氣候的台灣，潮濕多雨，收納衣物的更衣室一定要注重防潮，以免滋生細菌，危害身體健康。壁面採用含有防潮成份的特殊塗料，搭配手感塗刷效果，給予樸實空間感受，並具防潮之效，髒了只要用抹布擦拭，即可清潔溜溜。

隱藏鏡子＋格柵門片，精品店質感 Point 1

實木地板、灰牆、黑玻上櫃及一整排的木格柵門片，交織建構，令人宛如置身精品店一般，透過內部燈光與格柵縫隙，烘托出裡面置放衣物、配件與包包的高貴質感，只要輕輕一拉，十分方便拿取與擺放。可收納式穿衣鏡，使用時輕鬆拉出極具實用性；不用時推進櫥櫃內，賦予空間更具質感的體驗，讓每次進到更衣室都宛如逛服飾店。

Point 2 善用裝飾建材、水晶燈，更衣室美感機能兼具

運用多種質材營造別有洞天的更衣室，依據男女主人的需求量身訂製的櫃體機能，結合黑鏡、鐵件、大理石及烤漆，並搭配奢華的水晶吊燈，在柔和燈光的映照下敞朗空間，讓更衣室的風格也能與其他空間相呼應。以黑鏡做為櫃體的面材，在質感上展現高貴大器的氛圍，更具有放大空間的效果。

CHAPTER

4

春雨設計案例欣賞

家不僅要美觀、舒適、更要實用，我們獨創的設計心法：好收納、好清潔、好實用，積極在每一分寸爭取發揮最大值，為居住者最珍視的家，灌注想法、巧思與祝福。

這些我們為屋主細心規劃設計的生活空間中，有著彼此信賴而創造出的感動與美，讓居住者返家後能感受到貼心地呵護，而這樣符合生活想像的空間，不僅展現設計美學、回歸生活本質，讓人住一輩子也不膩。

CASE 1

風格與機能兼容並蓄，滿足跨世代住宅需求！

女屋主、母親和長輩等家人一同居住，形成一個三代同堂的家庭結構，格局與機能考量周慮，完善跨世代住宅的各式需求，軟件、建材的精彩選配，則勾勒出帶有個性輕工業氣息的現代休閒住宅，整併了長輩與年輕人的喜好。

台南僑昱
新成屋
40 坪
六口之家
四房兩廳
纖維板、不鏽鋼烤漆、美耐板、玻璃、斜紋木皮、大理石、實木

此住宅為新成屋，最大的特色是陽台面積十分寬裕，為室內帶來明亮舒適的充沛自然光。而室內格局因為大門置中的格局狀況，成為公、私領域分屬於兩側的型態，一進門右手邊即為私領域，位於廊道底端的臥房，選用木質門片藏身於木質造型牆內，入口隱形後提升了生活隱私，由客廳望向玄關，也具延展走道深度效果。

格局配置無太大更動，僅退縮進門處一道牆面，拓展玄關大門走道寬度。廊道寬鬆許多後，置入大型松木收納櫃，並根據屋主收納需求安排櫃內隔層，一家大小的鞋子、包包、安全帽皆能收整於此。後方不忘利用剩餘空間擺置鋼琴、收納琴譜的壁掛鐵件層架，旁側接續安排的矮櫃，補足收納不足，成為鑰匙與包包暫放區，同時具有切齊視覺、生活動線效果。

屋況與設計相輔相成，
找出收納與風格最完美的平衡！

中島旁轉角牆以金屬美耐板包邊設計搭配螺絲帽，營造獨特工業風。

電視牆延續穿透語彙，以玻璃與半牆隔間組合，暢通視線延展視覺深度

廚房旁一堵黑牆面為磁性留言板牆，記錄食譜、留言告知日程方便實用。

座落於過道上方的天花板以木質纖維板呈現，呼應玄關穀倉松木門風格。

深入了解屋主後，決定新增一座中島串起客、餐、廚交流，成為開放格局中的彈性地帶，不僅延伸用餐範圍、身兼備餐台機能，還能擴增座位數應付親友團聚人數較多狀況。此外，顧慮使用便利性，中島下方規劃抽屜收納、酒櫃區；上方打造不鏽鋼烤漆吊櫃，將屋主小酌時所需物品備妥收整。

後方廚房區保留原始建商提供的廚具，並新增一處展示電器櫃，補足此領域所缺乏的收納量。我們常說魔鬼藏在細節中，由此可注意開放層架朝內設計巧思，維持了開放廚房的整齊，同時避免電器外觀與室內裝潢有所出入。客廳迎面而來的好採光，來自雙面大落地窗，為把握此屋況優勢，特別提醒屋主未來新增家具時盡量以不阻礙光線高度為主，保持整室的活力與敞亮。

從主人個性延伸設計，打造療癒每位家庭成員的私人領域！

主臥以隱藏拉門隱形主衛浴門洞，拉上門片後出現的小空間加乘更衣隱私，並在旁邊增加收納櫃收納衣物與毛巾等盥洗類物品。

電視牆後方的多功能室，平時呈現通透開放狀態，白天可作為閱覽、休憩、小孩遊戲區，便於家人相互照看與互動；晚上客人需過夜或家人來訪，拉下窗簾即能轉換為獨立臥房。另一間和室則為小孩主遊戲房，墊高床鋪下方提供孩子們生活用品收納區，書桌也量身定制同時可容納兩人的長度。

了解屋主對於衣物收納的原則後，主臥衣櫃部份配置具有穿透性的格柵門片，衣物收進櫥櫃中仍持續通風且透氣，維護屋主的精品服飾品質。房內採光極佳優勢來自於兩邊收光的大窗戶，為配合窗戶高度與光感氛圍，規劃了整排電視櫃，並將櫃體一路延伸至另一處牆邊，創造出日光書桌角落區。長輩房規劃以屋主母親喜歡的日系品牌家具為主軸，房內色系調整配合，以勾勒出暖感日式風。

多功能房收攬雙面採光，空間明亮通透。

主臥繃皮床頭板、灰色壁紙，成功複製飯店高質感享受。

長輩房窗下打造整排矮櫃，收納量倍增並替臥室增添臥榻放鬆機能。

客廳特地選用具調整光線角度優點的柔紗簾，替整室製造唯美舒適的光影效果。

好收納

收納必須以人為本！
由細節展現客製化的貼心

女屋主有許多精品收藏，對於保養有套自己的方式，因此主臥衣櫃木格柵門片區專門擺放昂貴皮衣與包包；後方拉門打開藏有小化妝桌，檯面上方飾品吊掛收納也是因應首飾不得碰撞需求而做的客製規劃。

好清潔

部分開放櫃加裝門片！
阻絕髒污提升清潔效率並提升設計感

此開放層架上特別加裝半片可滑動式的小門片，略帶穿透感卻保有輕盈視覺效果，關上門片不願意沾染灰塵的收藏也瞬間隔離。

好實用

雙面櫃加乘收納量！
位處任一側都好用

廚房至衛浴轉角地帶增添高櫃，收納餐廚用品與盥洗物品。不論位處廚房一側或浴室門口，替居住者著想的雙面設計，皆提供便利且順手動線，省下擺放碗盤時間，浴巾忘了準備也能立即開門拿取。

二度合作老宅變繽紛北歐風，獻給寶貝與毛小孩！

年輕屋主夫婦新生活多了兩位小小孩與五隻貓咪，新家希望以他們為重心打造，且本身對於家具與配色有諸多想法，因此選擇與已培養默契及信任感的春雨設計團隊二度合作，共築理想新居。

民生東路三段
老屋
39 坪
一家四口 + 5 隻貓咪
2 房
木地板、木作、系統櫃、油漆、珪藻土

此案為老屋翻新，本身室內採光優秀，但老房子伴隨的漏水、壁癌問題，增添了翻新難度。此外，無陽台的格局內，屋主仍希望擁有獨立洗曬區，且對於貓咪獨立空間規劃、家具與配色也相當有想法，成為此老宅改造的重點挑戰。

公領域高彩度色塊精準安排，指定家具、硬體裝潢、牆面油漆相互輝映，將活潑、溫馨生活氛圍拿捏得宜。一進門，天藍色懸空收納鞋櫃，開啟輕盈有朝氣的視覺序幕；電視牆旁大型樑柱漆上亮黃色塗料，再安排簡約鐵件層架擺放植栽或藏書，將缺陷隱形同時增添機能，成為亮眼的牆面佈置；緊鄰窗邊的木作儲藏櫃，則以特調清新薄荷綠烤漆呈現，在自然光襯托下更顯柔嫩舒服，減低高櫃帶來的壓迫感。

給彼此獨立舒適圈，人貓共居的貼心規劃！

客廳區藍色大沙發呼應北歐風色彩，
並以低背款式方便小孩攀爬。

天藍色懸空鞋櫃製造清爽、放大的視覺效果。

廚房烹飪區旁開放收納櫃，加裝鋁製門片，將油煙隔離便於清潔。

貓房內以收納櫃設計，取代貓跳台機能，並同時增添儲物空間的設計。

好客的屋主，家中時常有親友聚會，因此沙發後方規劃毛小孩獨立房，害怕寵物的客人來訪時，將房門關上即能創造人貓皆舒適的理想居宅。貓房內不僅安裝冷氣提供愛貓們五星級享受，也特選玻璃門方便照看，並根據貓砂盆高度訂製收納櫃擺放寵物用品，創造實用機能。

公領域敞開後，視野通透能隨時留意孩子與寵物動態，來客數多也不怕擁擠。小巧溫馨的用餐區，掛上屋主喜愛的吊燈佐木質桌椅，傳遞溫潤北歐風氛圍；實木中島與薰衣草色廚具大膽配色，也是屋主與設計師討論後的成果，反映專屬於這個家的活潑個性。平時兼具工作書房的中島，檯面機能別具巧思，不論是提供充電使用的升降插座、賦予瀝水功能的刀具收納或廚餘分類桶，皆以隱藏設計打造美觀的實用機能。

安全、實用、美觀！彈性設計滿足跨年齡層需求

兒童房鐵件拉門特意加寬帶進好採光，並加裝緩衝五金讓孩子使用上更安全。

坐落於餐廳後方的兒童房，高低差地坪照顧了孩子的使用安全，可愛清爽的歡樂氛圍，則由淺色木地板與粉嫩系家具輝映交織而成。房門寬敞的鐵件拉門設計，善用房內採光優勢，讓光線自然流入照亮無窗餐廳地帶。另外，房內大多選用活動式家具，因應孩子不同階段使用需求。

主臥房著重收納容量，主衣櫃區為床鋪旁的整面系統櫃，另外，進門處規劃置頂系統櫃，提供換季衣物與被褥儲藏；廊道一側也以木作收納櫃，提供文件、小型雜物收納，並透過弧形的門片創意，製造由窄變寬的走道視覺開闊感。主衛浴場域採光明亮通透，搭配大理石紋磚、淡藍色門片，製造溫柔優雅的情境。寬敞的空間不僅安排淋浴、獨立浴缸機能，還規劃雙洗手檯與充足的置物空間提高使用效率。

主臥木作床頭背板搭配精選插座面板，加乘溫潤北歐風細節質感。

多彩度的空間，可善用材質和家飾品的搭配，讓衛浴空間散發美式風格的情懷。

好收納

中島吧檯的極致運用！
三面設計打造高效收納

中島廚房檯面機能多元，下方置物空間同樣精彩運用。首先以兩面開的櫃體設計，區分吧檯、廚房收納品項，側邊再新增開放層架，擺放報紙、書籍，打造貼合屋主生活習慣的三面用收納。

好清潔

獨立洗曬空間洗衣、晾衣、
折衣一室完成

屋主期望能擁有獨立洗曬空間，設計師綜合性評估後，決定將廚房後方小陽台改為室內型洗曬場域。洗衣、晾衣、折衣動線流暢便利，即使洗曬空間不大卻備感舒適，提升清潔效率。

好實用

一日衣櫃區讓乾淨衣物和
汙衣有效分類

主臥入門處的吊掛式衣桿設計，成為順手方便的一日衣櫃區。進房時，可直接掛放穿過但還不需洗滌的衣物，避免隨意擺放造成衣服山凌亂現象產生，汙衣與乾淨衣物也能分門別類收納。

主臥窗邊為電動百葉窗，以遙控方式轉動窗簾，調節光影更加便利。

3
CASE

高彈性三代同堂豪邸，新婚、退休全包辦！

考量兒子將來成家以及為退休作準備，屋主夫婦買下此中古大宅進行翻修，也方便與住在附近的女兒及孫子聯絡感情。原屋況具備三座陽台的格局優勢，為生活帶來活力溫馨氣氛，而設計師精準的建材選配眼光，則完美展現大宅恢弘氣場。

竹北月光琉璃
中古屋
54 坪
三口之家
四房兩廳
大理石、壁紙、線板、系統櫃、發泡板、玻璃、鐵件、木地板

三代同堂住宅應保持動線順暢、寬敞，以減少碰撞受傷狀況，照顧長輩與小孩的居家安全，因此予以大宅寬敞玄關，多人共同進出也備感舒適；附有大容量收納空間的鞋櫃，也透過不落地的懸空規劃，讓地坪延伸鋪排至櫃體底部，製造放大且輕盈的效果。轉入室內前，於轉角處安排穿鞋椅，完整了玄關機能。

公領域開放式格局搭配落地窗設計，完美發揮陽台帶入的採光優勢，照亮室內各角落。客廳區一面山水潑墨感大理石電視牆與自然光影輝映成趣，彷彿化身展示櫃背景牆，襯托著屋主收藏逸品，打造出藝廊般氣派視覺饗宴。望向天花板處，細緻的黑白線條設計，勾勒出整室的優雅古典，一道搶眼的木格柵造型框，虛化了原格局大型樑柱，同時作為隱形隔間切分場域機能。

別出心裁的收納設計，為生活創造多元情景！

邊櫃下方的茶具區，使用全自動化加熱給水設備，便於長輩泡茶使用。

拉門與穿鞋椅間透過天花板木格柵沿伸設計，將牆面化身隱形儲藏櫃，擴增收納量。

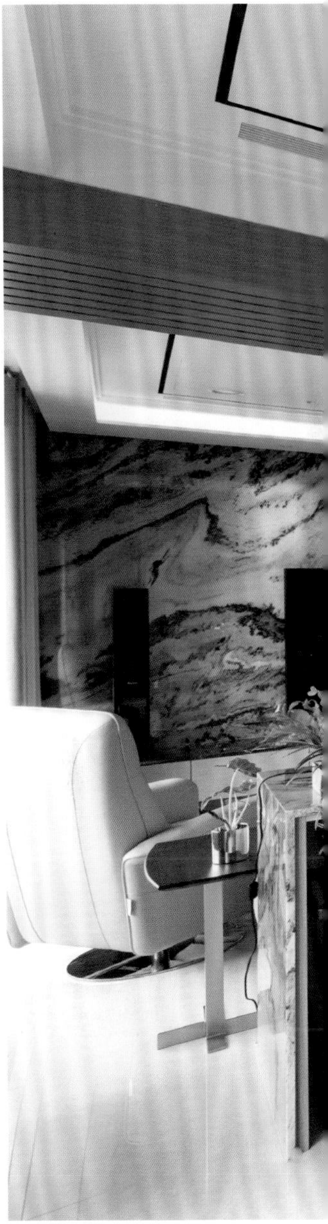

公共空間主要以大型家電、屋主收藏品與屋主購物習慣，作為組織收納設計依據。由電視櫃提供客廳區的基礎收納機能，另外，玄關與電視牆之間預留大型儲藏櫃空間，收放吸塵器與其他生活雜物，同時身兼屏風功能，改善原格局一眼穿底疑慮，提升室內使用者隱私。

客廳沙發後方以一座系統櫃與大理石材組合而成的邊櫃，串起與餐廳場域機能。檯面上可擺放茶水、書籍或藝術收藏品，下方則回歸餐廳區收納機能。考量長輩時常泡茶、年輕人喜愛品酒的生活習慣，邊櫃下方特意鏤空擺放傳統的茶具組與酒櫃，兼具隱形收納與順手使用兩種巧思。整室使用許多系統櫃與鐵件組構而成的設計，如餐桌後方電器、餐邊櫃，時而獨立、時而展示的整合設計，創造既整齊又豐富的牆面印象。

彈性規劃讓畸零角落、屋主需求迎刃而解！

小孩房幾何牆面製造童趣活潑生活感，吊櫃增添機能同時保留空間彈性。

目前暫時作為休憩區的小孩房，安排床鋪必須靠牆鋪排，以保護小孩睡眠安全，因此衣櫃、書櫃、窗邊收納就定位後，剩餘空間保留彈性賦予兩種床位規劃，能隨小孩成長需求轉換，解決屋主疑慮並充分利用空間。

坪數較大的主臥房，為屋主留給兒子未來成家時與媳婦共享的兩人空間，天空藍主牆搭襯充裕自然光，洋溢著新婚微甜氣息，公領域的大器沉穩氣氛瞬間轉為溫柔輕鬆。收納規劃依循原格局窗戶、樑柱位置，捨棄高櫃收納，由一排木工與系統櫃組合而成的矮櫃，賦予充足的儲藏容量，不僅保持了視線的寬闊感，同時串起書桌、電視櫃、展示架、衣櫃機能，帶來簡潔而順暢的動線。

轉角畸零處，上方規劃展示層架，下方安排獨立櫃體發揮坪效爭取機能。

主臥進門前規劃屏風，阻擋開門即看見睡鋪區的風水疑慮。

屋主夫婦退休房風格簡約雅致，並比照主臥櫃體安排賦予足夠收納量。

功能房刻意拓寬房門入口，創造內外無隔閡的通透視野，為男主人平時閱覽、
休憩及親友相聚談天的最佳場域。

好收納

木工與系統櫃結合！
實踐居家收納美學

餐桌區收納櫃皆以系統板材結合木工、鐵件打造而成，一處為加裝玻璃的展示收納櫃，讓收藏品有更多展示舞台；另一側高櫃為餐櫥櫃機能，中間鏤空處為杯盤暫放區，並增添一片推拉門，配合屋主收納習慣，檯面較凌亂時拉上即隱藏。

好清潔

跳色烤玻成廚房亮點！
美觀與機能雙管齊下

廚房動線加寬，廊道顯得寬敞而輕鬆，使用者舒適也保護長輩、小孩安全。阻擋油煙的玻璃門、繽紛的地磚、跳色烤玻，皆選用便於清潔的建材，創造愉悅的下廚環境，成為女主人最喜愛的生活場域。

好實用

一種造型三種功能！
滿足整齊、風格、便利性

電視牆除了展示收納設計，還增添一座收納視聽設備的櫃體，考量散熱、視覺整齊與便利性，採以通透感格柵門片造型，將屋主卡拉 ok 機、數位機上盒等收妥，隱藏了繁複的電線，不必開門，影音設備也可接收感應。

CASE 4

機能與美學的完美總合，實現一家四口夢想生活！

屋況良好的單層豪宅，根據屋主需求與習慣重整機能配置，將實用、舒適、美觀設計比例拿捏得宜；簡約設計思維，分別透過精選建材、天花造型與立面線板，勾勒時尚優雅的居家美學。

台中國泰森林觀道
新成屋
86 坪
四口之家
五房
大理石、石速板、玻璃、鐵件、木皮、系統櫃、義大利漆、壁紙、木地板

敞開大門，映入眼簾的大理石紋牆與藝術掛畫端景，揭開時髦豪宅的生活樣貌；吸睛不規則的弧線門框與轉折概念過道，引導視線向內延伸，轉角處接著安排鏡面、穿鞋椅完整機能。為了讓居住更舒適在格局上進行了調整，將原本比例過大的牆面向後退縮後，順勢增設鞋櫃，隱蔽了原建案的廁所入口，修飾格局缺陷。

玄關跳脫方正格局的設定，反而多出可擺置大型生活物品的角落儲藏室。平時隱蔽於廊道線板壁面，能容納屋主一家鞋子、衣服、行李箱或大型生活物品，內部隔層規劃也秉持組織收納原則，例如增添幾組吊桿配件，提供污衣櫃或想暫時掛放物品的收放空間，細心考量屋主收納細項及收納習慣；持續延展入室的造型牆，局部門片、局部開放的規劃，滿足屋主期望好清潔、可展示又具有實質收納機能的需求。

大宅格局互通有無！拉進家人間生活距離

書房穿透玻璃保持交流與互動，而捲簾安排可隨時轉換為獨立格局。

公領域黑白對比，天花線條與Z字形燈條，刻劃出層次豐富的居家情景；沙發置中的布局方式，則預留出一條寬鬆走道，創造互通有無的動線。後方為了完整場域機能，縮小用餐區範圍，增設玻璃隔間多功能書房，男主人擁有獨立工作區，也多一處書籍收納處，還能視需求拉下捲簾轉換機能。

書房旁的餐桌區坐落於各領域交會點，串起了生活的互動，縮小後的範圍擺放六人座餐桌、安排隱藏於壁面的收納空間仍綽綽有餘，平時一家四口使用已足夠舒適。緊鄰的獨立中島廚房安裝玻璃門片阻絕氣味，保留建商附的廚具設備，並新增兩組大型高櫃，提供屋主擺放水晶杯收藏及廚房用品。考慮製作時間與預算，增設的收納櫃以系統板材訂製，挑選色系相近的石紋感板材營造一致風格。

線板造型牆內暗藏大容量餐廚收納處，可擺放書籍文件及餐廚用品。

石材電視牆展現客廳氣勢，木皮框架與天花溝縫，勾勒出現代質感。

收納、風格客製化！打造每個空間的專屬個性

廚房中島規劃 IH 爐增添機能，並精選相近色系統櫃搭配原廚具，兼具風格一致性及預算控管的優點。

主臥房賦予小玄關區域，讓步入房內時有了過渡地帶，加乘使用者隱私。轉向背面，一路延伸至電視牆大更衣室皆為系統櫃訂製而成，多容量收納空間分別依據男女屋主收納習慣與衣物種類，調配吊掛、隔層與抽屜櫃比例。另外，考量整妝儀容的動線，將第二個小更衣室隱身於梳妝台旁，便於收放平時常穿的衣物。

小女兒房格局較長，因此規劃兩個桌面拆分梳化區與閱讀區機能，上方皆安排吊櫃提供臥房內足夠收納量，分門別類的收納規劃也不易造成桌面凌亂。大女兒房格局較寬，畫作等展示類物品較多，設計師便以訂製家具搭配白色烤漆門片，視覺輕巧別緻，畫作隨性擺放佈置也別具風格。而木格柵、修飾樑柱的展示架，搭配斜角屋頂，完美營造大女兒喜歡的生活氣氛。

主臥床頭牆ㄇ字設計巧妙修飾大樑，左右壁燈搭配，營造安心溫暖情境。

主臥梳妝台旁收納櫃門片關上，保養瓶罐瞬間隱形，維持化妝桌整潔。

更衣室吊掛式衣桿高度，皆根據屋主身高量身打造，收放衣物更順手。

小女兒房半高收納櫃虛化房內大樑，配合圓弧角度減少銳利視覺感

好收納

機能需要點彈性！
抽拉設計順應各種需求

書房後方開放展示書櫃，針對屋主藏書及物品種類，設計隱藏把手櫃體、層板書架，靠近窗邊處的抽拉盤設計，化身彈性化神明桌，未來若無此需求，仍可隨時回歸普通收納櫃使用。

好清潔

替代建材三大優勢！
美觀、好清潔、預算控管

玄關大面積鋪排的石紋板材為「石速板」，此建材能取代大理石質感，且本身具不易沾染髒汙特色，具備好清潔效果。若擔心一般漆面易留下痕跡，不妨選用石速板打造好清潔居家。

好實用

空間坪效最大化！
三面收納櫃好實用

客房提供長輩偶爾留宿使用，僅需簡易睡眠功能，因此收納櫃後方多餘空間便擺放屋主的鋼琴。設想周到的三面用高櫃，滿足鋼琴區、房外走道的收納機能；而首次以義大利漆處理的門片與櫃體，質感佳且較好修復，滿足好實用理念。

材質搭接展現時尚美感
現代美式風的五口好家

喜歡美式風格的一家五口，因為家庭成員較多，期待將原有屋況的三房改為四房格局，並且賦予放鬆休閒的美式風格。在進行詳盡的了解和評估後，最終決定以在美式風格中融入些許現代時尚感，並善用異材質的拼接，為屋主實現心中所願，完成一處美感與機能併俱的美好之家。

台中國泰府會園道
新成屋
53 坪
五口之家
四房兩廳
大理石、鏡面、石速板、義大利漆、油漆

5 CASE

原始格局為三房的新成屋，經過專業的評估後，避開無法更動的承重牆，選擇將其中一側的主臥室和次臥室重新配分坪數大小，實現了符合居住需求的四房兩廳格局。

玄關作為一個家的起始，在此處埋下了整體空間設計的精華，運用石速板和鏡面的異材質搭接，達到放大空間和營造時尚精品的感受，鞋櫃選用石紋、木紋、兩種顏色的系統櫃板材，使整體氛圍更為活潑。過道處則使用石材與鏡面製作成收框的效果，使玄關和客廳區域間有了介面區隔，達到層次分明的效果。

客廳則選擇白色和灰色作為主題色彩，營造明亮現代的效果，電視牆使用整面、順紋的大理石貼附，自然無法復刻的紋理成為家中最無價的藝術品，旁側的電器櫃和收納櫃使用帶有線板的門片，不過於張揚的融入美式風格；天花板通過造型設計與間接光源的協助，有效在視覺上拉高天花板，在無形中將空間窄長的壓力釋放，給予寬裕舒適的生活環境。

多元用途的廚房，調整畸零角落賦予實用價值

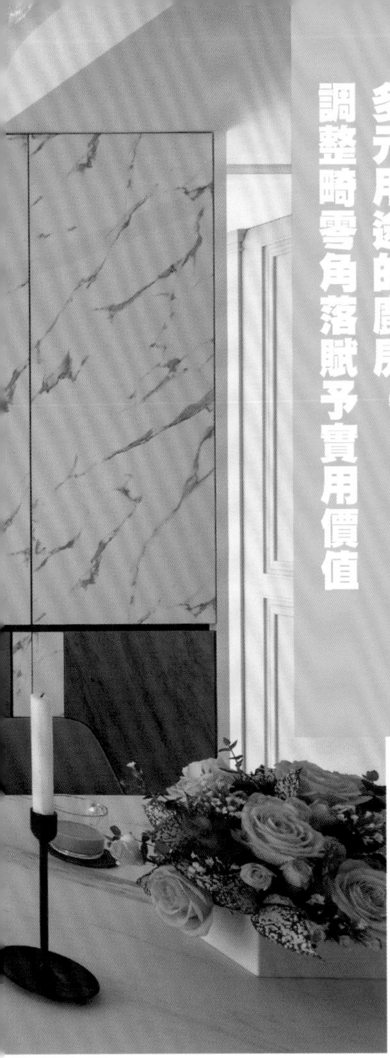

石速板與鏡面拼接，成為餐廳區域的主視覺牆面，既美觀也好清潔

玄關和客廳的交界處利用鏡面搭接出一個收框，成為區隔兩個空間的介質，同時增加整體空間的細節。

大面石材貼附電視牆，以最自然的紋路，形成空間中無法複製的藝術品。

紫羅蘭色的義大利漆，有效柔和空間氛圍，一旁設置的雙面櫃，讓空間更為平整，同時修飾了畸零區域。

因為工作需求，屋主希望在餐廳區域能擁有一張大餐桌，除了用餐之外，還能在此處工作和閱讀。通過開放式廚房和餐廳的串聯，有效放大空間感，讓這個區塊寬敞開闊，既可做為家人聚餐的區域，同時也能辦公、閱讀，可多元運用。

使用石速板和鏡面材質，有律動的切分下構成電器櫃和收納櫃一體的造型牆面，虛化門片的壓迫感，讓收納不只是收納，同時還能成為此區域的主視覺；而另外一面牆面則使用紫羅蘭色的義大利漆，為整體空間增添優雅柔和的氣質，此面牆面因為略為內縮之故，在過道區域形成了正方形凹洞，成為一個畸零區域，因此，善用此區域的空間，切齊紫羅蘭色的牆面，形成有雙面收納櫃的牆面，此處讓格局更為完善平整，同時也可為事務櫃，收納屋主辦公用的資料，一舉兩得。

以人為本，實現符合每位家人需求的睡眠空間

主臥房添入美式風格和紫色的義大利漆，柔和舒適的感受使人自然進入甜美夢鄉。

為完善主臥室使用機能，善用樑柱下的深度製作收納櫃，規劃有女主人化妝的區域。

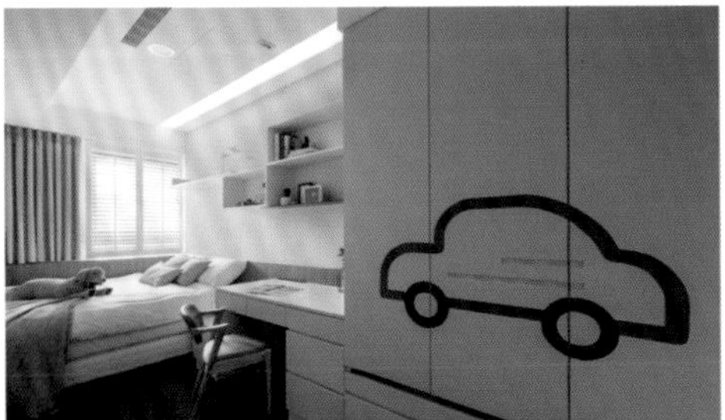

透過調整格局後增加了小兒子房，童趣的布置和色彩讓孩子開心成長。

為了符合大兒子的需求，在櫃面上設置了壁掛式電視，電器插座專用的凹槽，滿足其使用需求。

臥室凝聚著濃郁的美式情懷，柔和而高雅的紫羅蘭色床頭牆，沿用與餐廳區域同樣的義大利漆，和窗簾的色彩相輔相成，兩側則使用線板壓框強調美式風格的氛圍，旁側的展示兼收納櫃，同樣以線板裝飾，呼應整體調性。

女兒房則利用木作和訂製家具，讓整體氛圍更為活潑，並以女兒指定的色票顏色，融入整體空間中，拼接白色和木皮為點綴，並因應使用需求訂製了深度較深的書桌，而我們認為女孩房尤其需要一張臥榻，讓未換下外出服時可以在此處休憩。

大兒子的房間以深淺色交錯的木皮作為主體風格及色系，為了滿足可以坐在床上打電動的需求，在櫃體的側邊規劃了可抽換電線之處，並運用推拉門的特性，讓壁掛電視面可以變更位置，降低睡眠時因為反射而產生的不安情緒。

小兒子房是調整格局後增加的房間，透過顏色的變化營造出童趣活潑的設計，在系統櫃的板材上，以立體雕刻的方式製作出了汽車造型，更加符合孩子的喜好。

女孩房機能完善，除了念書用的大書桌，更增設了臥榻，即使是還未換下外出服時，也能在此休憩。

好收納

不放過角落，收納量激增！

美式風格的空間中，會運用線板或面板的修飾，達到實現風格的效果，我們善用這樣的門片後方，製成令人意想不到的收納區域，不僅增加了收納量，平時若用不到之時，也可作為儲備收納區域規劃。

好清潔

光潔材質，
掃除便利、不易藏汙納垢

選擇鏡面、光滑的材質，好清潔保養、不易藏汙納垢，像是鏡面、大理石、玻璃等材質都具有相似特性，在寬敞的客廳空間，選擇相似質材，可有效保持環境乾淨。

好實用

玄關設有臨時傘架，
完善玄關機能

整合進門處的開關，並設置有臨時傘架，便利進家門後機能和使用動線，體貼入微的設想增加了舒適度和實用性。

CASE 6

再續前緣！從客變實現夢想中的美式風格

跨越 8 年光陰，從現代風到美式新古典，因為滿意、信任，二度合作的女屋主在預售屋時就委託我們進行客變。預先進行格局規劃，不僅為屋主省下拆除費用，更有效地實現符合居住者生活型態的格局規劃，並通過各種實用收納、機能的細心安排，讓這次的合作同樣有了完美的結局，更實現屋主想擁有一美式風格好家的心願！

林口禮御
新成屋
41 坪
四口之家
三房兩廳
線板、鏡面、壁紙、木作

與這位屋主第一次合作時，一起攜手完成了一間現代風格、充滿細節的質感居家，而居住了將近8年後，屋主夫妻再度和我們合作，希望實現居住在美式新古典風格裡的心願！

預售屋之時率先進行客變規劃，解決了玄關穿堂煞的問題，置入鞋櫃、儲藏室等完善機能，讓人一回家就感受到無比的貼心。透過挪移廚房的位置，玄關成為了一個獨立的區域，讓人回家更有儀式感，特別設置的暗門後方多了一個空間充裕的儲藏室，旁側規劃有端景矮櫃，可擺放鑰匙等小物品，另外一側則安排有穿衣鏡，並善用美式風格的裝飾性線板，隱藏總電源開關，視線底端搭配藝術畫作，成為具有特色的端景，方方面面地完善玄關機能。全室均安裝迴風口，讓冷熱空氣順利地流通交換，並使用鏤空雕花板材美化，符合美式新古典風格，更能提升冷氣效能。

柔美白色系的客餐廳，裱框窗景坐擁美好景致

因為大樑橫亙進行修飾包覆之故，選用鏡面做為餐廳區域的天花板，利用反射技巧性降低視覺上的壓迫。

進入公共空間後，客餐廳開放相鄰，使用柔美的白色做為主體色彩，在天花、櫃體、踢腳等細節處運用線板點綴，充滿韻味卻不過於繁複地展現美式的風格。客廳家具挑選以量體大、耐用、舒適等美式風格，帶給人放鬆舒適的感受。餐廳區域因大樑橫亙之故，利用鏡面包覆後，捨棄吊燈、選擇嵌入式燈具做為主要光源，最大限度保留天花板的高度，使人在此處用餐時不會感到壓迫，更能成為舒適的閱讀空間；而旁側則利用木作和系統櫃打造便餐台、收納櫃及展示櫃，充分滿足各種需求。

大件布材質的家具是美式風格中必備的元素，通過家具的選配完善整體家居風格。

白淨色系的客廳充滿韻味、不繁複的展現美式風格。

通透的客餐廳空間，選用兩種型態的窗簾搭配，更加符合使用需求。客廳區域選用兩層打折簾，窗紗可篩落日光，讓空間氛圍更加柔和；而餐廳則選擇了對稱、可左右推開的白色木百葉，更加落實美式風格的各項元素，同時巧妙裱框良好窗景，讓起居於餐廳的家人都能享受到美好採光和遼闊景緻。

彈性廚房設計，串聯空間更凝聚家人情感

公共空間之間彼此開放相鄰，並通過玻璃拉門的存在，為空間帶來更多生活上的使用可能。

屋主有了上次的合作經驗，這次提出了許多個人的需求與想法，我們也提供了人性化的格局設計，在客變之時擴大了廚房尺度，利用格子狀的拉門，做為彈性隔屏，讓廚房和客餐廳之間產生更多連結和互動。獨立的中島檯，安排了給水和排水功能，讓人可以在此進行簡單的洗滌作業，下方則是分類細緻的收納櫃，有效協助廚房繁複的收納作業，中島後方則是女主人最喜歡的展示櫃，刻意留下中段做為擺放小家電的檯面，消弭櫃體帶來的壓迫感；旁側安排電器櫃，可擺放電鍋、嵌入式烤箱、咖啡機和大型拉櫃，同時滿足收納和烹調用途。

進入主臥室後，以乳白色系為基調、保留良好的採光，降低線板等裝飾性材料出現的比例，注入簡單、優雅的放鬆感受，床頭牆選擇了帶有金箔的質感壁紙貼附，使得白色的空間延伸出不同層次和立面表情。

廚房旁側設有電器櫃、抽拉式收納櫃，將整面牆細緻規劃，符合居住者使用上的所有需求。

中島的水槽安排有給水和排水用途，讓這裡具備便餐檯、洗滌區等多元用途。

色彩柔和的主臥室，降低裝飾性元素，給予舒適休憩的處所。

好收納

隱形收納讓美式風格更完善

餐廳旁側規劃有展示檯面，運用美式風格中常見的線板與黑色鐵件把手等元素，在收納和實用機能大增之外，收納櫃體也能更符合整體風格，成為空間設計的一部分。

好清潔

簡化線板，不再藏汙納垢

線板是美式風格中標誌性的元素，但繁複的線板堆疊會形成容易藏污納垢的溝縫，形成清潔死角。為了滿足風格和清潔上的需求，簡化線板的設計，選擇較為現代、俐落的線條，平衡兩種需求。

好實用

玻璃拉門讓空間更有彈性

喜歡大廚房的女主人，希望廚房和客、餐廳緊密相鄰，凝聚家人情感、增加迎賓宴客的空間。因此利用玻璃格子狀的拉門，做為彈性隔屏，拉起門後則可避免油煙四散及冷氣流失，同時滿足居住者的需求。

把中島位移到空間中心！
實現咖啡廳般時髦獨特的渡假宅

30 坪的空間，從預售屋時期就著手進行客變，從梳理格局排佈先行下手，賦予空間濃郁北歐風、開闊的空間感、並且飾以活潑線條裝點，完成美觀、實用並具的多功能生活場域，講究每分細節、以最貼心的態度為屋主量身訂製時髦又獨特的渡假休閒之所。

中山文華
新成屋
30 坪
四口之家
三房兩廳
鐵件、木工、系統櫃、特殊玻璃

7 CASE

屋主將此處設定為渡假屋使用，平常較少有開伙煮飯的需求，屋主期待能讓一家四口來到此處盡情享受放鬆休閒的情境之時，仍能享受兼顧各種使用需求及細節，同時擁有獨樹一格的美感風格和設計。在預售客變時我們針對屋主的需求給予最實質的建議，最直接的就是移除客廳與廚房間的隔間牆，讓兩者通透串聯，宛如咖啡店般敞朗開闊，給人可隨時放鬆休憩的感受；同時善用廊道的存在，有效分離公共空間和私密場域，讓賓客來訪時維護居住者的個人隱私。

從玄關處進入，鐵件與玻璃製作而成的屏風，量身訂製刻有屋主名字的LOGO，通過不同的線性切割形成趣味的幾何造型，有效讓進門處與主空間有了明顯層次，同時依然保有陽光流轉、通透明亮的效果，使彼此隔而不斷，各個場域相連相扣。

充滿細節的客餐廳和中島，成為凝聚感情的主要場域

使用黑色玻璃跳接木皮做為餐廳區域的造型牆面，同時將電箱隱藏。

簡潔明瞭的家具擺設，兼顧實用和細節；旁側的臥榻在側邊導上安全斜角，成為一處安心放鬆、休閒之處。

旋步進入公共空間後，餐廳、客廳、中島廚房開放相鄰，白色與原木色構成主要色彩，奠定整體空間的氛圍。餐廳區域選用黑色的玻璃導斜角與木皮跳接，利用異材質的交融，與獨特的金屬餐燈呼應，同時修飾變電箱的存在，使這個區域摩登時尚、引人注目，亦成為了會友、用餐、飲茶的絕佳場域。

開放式的中島吧檯成為空間中的焦點，成為凝聚家人情感的核心空間。

客廳與開放式中島相鄰，天花板拼接胡桃木皮，並嵌入智能感應光源，創造新奇的視覺體驗；客廳的家具配置簡潔明瞭，運用開放式黑鐵層架，讓屋主可以自行佈置收藏品，家更有個人風格和溫度。開闊舒適的主空間給家人自在、活潑的生活空間，窗邊特意加上一處ㄈ字形的小臥榻，並在側邊導上安全斜角，小朋友使用起來更為安全。

中島吧檯成為整個空間的視覺焦點，融入了瓦斯爐、水槽、電器櫃、抽油煙機、餐盤櫃等實用機能，上方抽油煙機的部分，使用鐵件加玻璃包覆，除了美化功能之外，也能作為杯架使用，下方的檯面在踢腳處略為內縮，削弱大面積塊體在場域中的份量，同時也令人坐於此處時，腳能舒適的伸展。

長廊讓生活更有隱私，風格臥室營造放鬆舒適的生活感

以一道造型暗門做為底部的端景，成為過度空間的亮點。

屬於過渡區域的走廊，經過潤飾後，以淺木紋為溫暖的基底，底部的主臥室門扇，運用黑鐵和木紋裝飾製作出一個造型暗門，成為走廊的精采端景，也是過渡公間上的大亮點，如果是從臥室走出來，則可看到客廳旁置放的黑鐵展示架，縱向打開了視覺豐富性。

推門進入主臥室後，使用灰色系修飾天花板的大樑，在下方製作了收納櫃，並且在與大樑的銜接處製作上間接光源降低壓迫感，堆疊出空間的表情。經由整合後的畸零空間，運用百葉門扇作為拉門，製作出可開闔、氣流暢通的組織性收納空間，將空間中的每一分毫都發揮至極致。

利用櫃體修飾了大樑增加收納、讓睡眠更舒適，並整合畸零角落整合成為機能收納，增加實用性。

兩間次臥室各有特色，其中一間以動物風格為主題，使用藍色作為主色系，與猴子造型的燈具、斑馬掛畫搭配，營造出明亮多彩的活潑氛圍；而另一間小孩房則是選擇綠色作為主牆面，搭配小巧的綠色植物和仙人掌畫作，營造放鬆舒適的自然感！

使用孩子喜歡的動物造型做為燈具，及舒適的木皮結合藍色漆面，營造趣味活潑的氛圍。

好收納

無處不在的組織收納

在空間當中隱藏了許多收納機能，像是客廳臥榻的下方、主臥室床頭牆與次臥房床尾的組織性收納。
而開放式的中島吧檯下方，為了屋主使用方便加以設想，安排了餐盤櫃、附上電源插座電器櫃，上方則是杯架及抽油煙機，增加多元使用機能。

好清潔

使用耐髒顏色與抗汙建材

最難清掃的衛浴空間，選擇耐髒的灰色，還有具備止滑功能、較不易吃色的磁磚作為主體表材，讓潮濕容易發霉的衛浴空間更容易清掃，同時也守護家人的使用安全。

好實用

一物二用的機能屏風

玄關進門處以一道鐵件玻璃隔屏作為區隔，光線在通透的空間中流轉分享，而此處更加上穿鞋椅和穿衣鏡，讓人出門時可以舒適、自在的在此處穿鞋、打理好個人儀容，迎接充滿挑戰的一天！

以自然植物做為主題、與色塊掛畫，成功營造出另一間有個人特色的孩童房。

8
CASE

滿足所有需求！溫暖美式風格之家

美式風格帶給人陽光溫暖的感受，讓人彷彿沉浸放鬆渡假的氛圍中。本案的女主人希望回到家後可以歸返簡單、舒壓的生活之中，加上柔美、優雅的設計，因此非常喜歡美式風格；而 24 坪的空間，需要安排三房兩廳及完善的收納機能，讓美學和機能兼具，滿足所有家庭成員的需求。

台南永康
新成屋
24 坪
夫婦
三房兩廳
鐵件、木作、系統櫃、文化石磚、線板

這個家是屋主夫妻的兩人世界，女屋主喜歡美式風格、男屋主喜歡在獨立場域中打電動。運用大地色系、霧鄉色、莫蘭迪綠色和藍色，與各種軟裝陳設搭配，彰顯美式風格的獨特魅力；在格局規劃上更善用彈性空間，隨需求自由變化使用方式，讓生活有了更多餘裕，實現現代人對家的期待和渴望。

為了讓風格更臻至美式風格的情緒，進門玄關處採用了西班牙進口瓷磚，由進門處的地面起始，描繪著整個家的寫意氛圍，旁側的鞋櫃結合穿鞋椅和掛衣勾成為便利的「一日衣櫃」，搭配可透氣的木百葉門片，加上精緻的鐵件小圓把手，更加圓滿美式風格。

解放格局，彈性空間讓生活更隨心所欲

電視主牆使用文化石磚為主視覺，略帶粗獷的質感，為空間注入自然感及溫潤的氛圍。

沙發後方取消實體隔間，改以開放的方式規劃成機能性的彈性空間，並規劃虛實交錯的書櫃，採取對稱的手法成為家中的焦點。

餐廳選用吊燈區隔場域，並設有點綴上雕刻花邊及小巧把手的餐邊櫃，更加圓滿美式風格。

進入公共空間後，迎面可見霧鄉色的牆面及莫蘭迪綠的餐邊櫃，留有中段鏤空的設計，可擺放咖啡機、食譜等隨手便能拿取物品，上下收納櫃與玻璃結合，具有展示用途，更在門片上注入線條雕刻，以半圓弧形的雕刻收邊，完善美式風格的特色語彙，而這座餐邊櫃也兼具電器櫃的機能，擺放上烤箱、水波爐等電器，讓烹飪下廚更便利。此區選擇了白色、燭台型態的吊燈，除了可以利用燈具定義區域屬性，同時帶出空間層次、明確表述美式風格。

客廳主牆面使用文化石作為主要視覺，略為粗糙的質地，將美式風格柔和溫暖的質地表露無遺，家具選用量體大、布面的沙發，以其有氣勢而放鬆的特色，大器舒展空間尺度。

沙發後方安排有一道半高的牆面，並區隔出一處彈性區域，鋪敘上木地板，疊加上虛實交錯的收納兼展示櫃，可擺放上書籍和展示物件，使此處更加展現居住者的個人風格；臨窗處規劃為臥榻結合收納櫃兩種機能，注入更多元的使用方式。

依照需求規劃，兼具美感與風格

主臥室採光明亮，沿用了公共空間的霧鄉色，沒有選擇誇張的裝飾，僅善用白色線板框飾和壁燈低調的搭配，保有臥室空間舒適的睡眠品質，同時融入美式風格中必備的對稱元素，讓床頭牆成為休閒不失優雅的主視覺。衣櫃則選用白色線板，加上線條細緻的把手，更加突顯美式風格的韻味。

男主人需要一處打電動專用的房間，便於個人作息、不影響女主人。比照正常的臥室空間，設有書桌、衣櫃、雜物櫃和單人床，為男主人量身規劃，可擺放書籍、遊戲片、衣服等物品，讓男女主人都能擁有獨立的生活場域。

沿用霧鄉色進入主臥室，加上白色線板與線條繃布床頭板，加深了溫柔的美式風格氛圍。

男主人打電動專屬的房間，備有衣櫃、書櫃、床舖等完善機能，讓男女主人都能擁有各自的獨立生活場域。

好收納

依據需求訂製的組織收納櫃

善用進門處的空間，依據居住者的需求規劃出，吸塵器、包包、鞋子、衣物、雜物的收納櫃體，客製化符合居住者需求的收納櫃。

好清潔

平整拋光石英磚地面，
耐潮好清潔

將原有建商附贈的拋光石英磚保留，並維持其平整性，也便於使用掃地機器人清掃，便於維持全室環境整潔。

好實用

一日衣櫃，
讓出門更加便利

玄關進門處除了規劃有訂做的穿鞋椅，更加上吊衣釘讓人進門後可掛上近期常穿的衣帽，可有效隔絕穿出門的衣物、同時也能讓出門更加方便。

臥室擁有獨立的衛浴，在浴櫃的設計上運用柔和的藍色和凹凸有致的雕刻，完整延續了美式風格的特色。

好收納．好清潔．好實用．的實用住宅改造全書

作者：漂亮家居設計家 x 周建志
責任編輯：陳思靜
採訪編輯：戴苡如、陳思靜
美術設計：潘緯祥
發行人：何飛鵬
總經理：李淑霞
社長：林孟葦

出版日期：2022 年 6 月 初版一刷
定價：396 元

出版｜ 城邦文化事業股份有限公司 麥浩斯出版
地址｜ 104 台北市中山區民生東路二段 141 號 8 樓
電話｜ 02-2500-7578
E-mail ｜ cs@myhomelife.com.tw
發行｜ 英屬蓋曼群島商家庭傳媒股份有限公司城邦分公司
地址｜ 104 台北市民生東路二段 141 號 2 樓
讀者服務專線 ｜ 0800-020-299 （ 週 一 至 週 五 AM09:30 ～ 12:00；PM01:30 ～ PM05:00）
讀者服務傳真｜ 02-2517-0999
E-mail ｜ service@cite.com.tw
劃撥帳號｜ 1983-3516
劃撥戶名｜ 英屬蓋曼群島商家庭傳媒股份有限公司城邦分公司
香港發行｜ 城邦（香港）出版集團有限公司
地址｜ 香港灣仔駱克道 193 號東超商業中心 1 樓
電話｜ 852-2508-6231
傳真｜ 852-2578-9337
馬新發行｜ 城邦（馬新）出版集團 Cite (M) Sdn Bhd
地 址 ｜ 41, Jalan Radin Anum, Bandar Baru Sri Petaling,
57000 Kuala Lumpur, Malaysia.
電話｜ 603-9057-8822
傳真｜ 603-9057-6622
總 經 銷｜聯合發行股份有限公司
電話｜ 02-2917-8022
傳真｜ 02-2915-6275
製版印刷｜ 凱林彩印股份有限公司

國家圖書館出版品預行編目 (CIP) 資料

好實用．好收納．好清潔的實用住宅改造全書 / 漂亮家居設計家，周建志著．-- 初版．-- 臺北市：城邦文化事業股份有限公司麥浩斯出版：英屬蓋曼群島商家庭傳媒股份有限公司城邦分公司發行，2022.06
面； 公分
ISBN 978-986-408-656-6(平裝)

1. 房屋建築 2. 空間設計 3. 室內設計

441.5 110001260